U0488775

缤纷以色列

主　编 孟振华　副主编 胡　浩　艾仁贵

创新国度——以色列

周林林 著

南京大学出版社

图书在版编目（CIP）数据

创新国度：以色列 / 周林林著 . -- 南京：南京大学出版社，2023.9

（缤纷以色列 / 孟振华主编）

ISBN 978-7-305-25259-4

Ⅰ . ①创… Ⅱ . ①周… Ⅲ . ①科学研究事业 – 概况 – 以色列 Ⅳ . ① G323.82

中国版本图书馆 CIP 数据核字（2022）第 001324 号

出 版 者　南京大学出版社
社　　址　南京市汉口路22号　　邮　编　210093
出 版 人　王文军

丛 书 名　缤纷以色列
丛书主编　孟振华
书　　名　创新国度——以色列
著　　者　周林林
责任编辑　田　甜　　编辑热线　025-83593947

照　　排　南京新华丰制版有限公司
印　　刷　南京爱德印刷有限公司
开　　本　880mm × 1230mm　1/32　　印张3.75　　字数112千
版　　次　2023年9月第1版　2023年9月第1次印刷
ISBN　978-7-305-25259-4
定　　价　40.00元

网址：http://www.njupco.com
官方微博：http://weibo.com/njupco
官方微信号：njupress
销售咨询热线：（025）83594756

* 版权所有，侵权必究
* 凡购买南大版图书，如有印装质量问题，请与所购图书销售部门联系调换

编辑委员会

主　任: 徐　新

副主任: 宋立宏　孟振华

委　员: 艾仁贵　胡　浩　孟振华　宋立宏

徐　新　张鋆良　[以] Iddo Menashe Dickmann

主　编: 孟振华

副主编: 胡　浩　艾仁贵

总 序

以色列国是一个充满奇迹的地方。早在两千多年前，犹太人的祖先就在这里孕育出深邃的思想，写下了不朽的经典，创造了璀璨的文明，影响了整个西方世界。在经历了两千年漫长的流散之后，犹太人又回到故土，建立起一个崭新的现代国家。他们不仅复兴了民族的语言和文化传统，更以积极的态度参与和引领着现代化的潮流，在诸多领域都取得了足以傲视全球的骄人成绩。

中犹两个民族具有诸多共同点，历史上便曾结下深厚的友谊。中国和以色列建交已 30 年，两国人民之间的交往也日益密切和频繁，各个领域的合作前景乐观而广阔。赴以色列学习、工作或旅行的中国人越来越多，他们或流连于其旖旎的自然风光，或醉心于其深厚的文化底蕴，或折服于其发达的科技成就。近年来中文世界关于以色列的书籍和网络资讯更是层出不穷，大大拓宽了人们的视野。

不过，对于很多中国人来说，这个位于亚洲大陆另一端的小国仍然是神秘而陌生的。即使是去过以色列，或与其国民打过不少交道的人，所了解的往往也只是一些碎片信息，不同的人对于同一问题的印象和看法常常会大相径庭。以色列位于东西方交汇点的特殊位置和犹太人流散世界各地的经历为这个国家带来了显著的多元性，而它充沛的活力又使得整个国家始终处在动态的发展之中。因此，恐怕很难用简单的语言和图片准确地勾勒以色列的全景。尽管如此，若我们搜集到足够丰富的碎片信息，并能加以综合，往往便会获得新的发现——这正如转动万花筒，当碎片发生新的组合时，就会产生无穷的新图案和新花样，而我们就将看到一个更加缤纷多彩的以色列。

作为中国高校中率先成立的犹太和以色列研究机构，南京大学犹太和以色列研究所携手南京大学出版社，特地组织和邀请了多位作者，共同编写这套题为《缤纷以色列》的丛书，作为中以建交 30 周年的献礼。丛书的作者中既有专研犹太问题的顶尖学者，也有与以色列交流多年的业界精英；既有成名多年的资深教授，也有前途无量的青年才俊。每位作者选择自己熟悉和感兴趣的专题撰写文稿，并配上与内容相关的图片，用图文并茂的形式呈现给读者，力求做到内容准确，通俗易懂，深入浅出，简明实用。也许，每本书都只能提供几块关于以色列的碎片，但当我们在这套丛书内外积累了足够多的碎片，再归纳和总结的时候，就算仍然难以勾勒这个国家的全景，也一定会发现一个崭新的世界。

孟振华

2021 年 3 月谨识

目 录

引 子

以色列因“创新的国度”闻名于世。以色列自建国之初就面临着复杂的周边环境，几十年间，以色列的经济取得长足的发展，成为中东地区唯一的发达国家。尽管以色列的国土面积狭小，既不是资源大国，也不是人口大国，自身也处于周边环境并不稳定的中东地区，但是在全球顶级创新生态系统中，以色列始终是企业家和风投资本家的首选地区之一。不为自己创新，为世界创新，世界就会来投资你，这也是以色列创新能够取得成功的一个原因。事实上，以色列凭借国家的创新竞争力在全球站稳了脚跟。以色列是一个创新驱动型的经济体，在以色列政府、大小企业和学校三方的协同运转之下，以色列国家的创新能力较强。当前国际上还尚未形成评估国家创新能力的统一标准，但在几个具有公信力的指标体系中，以色列的创新竞争力均位居前列。

全球创新指数（Global Innovation Index, GII）是衡量商业部门复杂性、创新成果数量和质量的指标，在2021年的全球创新指数中，以色列排名第15位，较2020年的第13位有所下降，但仍然处于区域创新的第1位。2019年、2018年和2017年的排名分别是10、11和17，位次在近几年来有所浮动。其中以色列的优势主要集中在研发的次级支柱——研究人员和研发支出，在这两个指标中，以色列都是世界的领导者。全球竞争力报告（Global Competitiveness Report, GCR）

是综合经济增长指数和商业竞争指数的指标，2019 年和 2018 年，以色列排名第 20 位，2017 年以色列排名第 16 位，以色列在全球竞争力报告中的排名非常稳定。通过报告可以看出以色列在研发上的投入是所有国家中最多的（占 GDP 的 4.3%），以色列的平均受教育年限为 13 年，这个国家在容易找到合适技能的工人和风险资本的可用性方面排名第 2 位。彭博创新指数综合分析包括研发支出、制造能力和高科技上市公司的集中度等在内的指标，对经济体的创新能力进行排名。在 2021 年的彭博创新指数排名中，以色列位居第 7 位，2020 年位居第 6 位，2019 年位居第 5 位，与 2018 年相比排名上升 5 位。近些年来，以色列在彭博创新指数中的排名逐渐上升且稳定在前 10 名之内。

许多以色列初创公司将自己的市场定位于国际市场，在众多领域（通信、互联网、医疗系统、农业、生物技术、安全、海水淡化）取得突破之后，以色列理所当然地赢得了“Start-up Nation”的称号。高素质的人力资本、创业文化和大胆的创新精神，加上政府支持突破性研发活动的承诺，使以色列处于全球科技创业前沿。下面让我们一起走进以色列这个创新国家，了解以色列创新的方方面面吧。

一

历史与现实：以色列缘何成为创新强国？

流散·苦难：历史记忆中的创新因子

以色列能够成为一个创新型国家，是多种因素交织的结果：建国者的爱国主义、使命感、物资短缺意识和忧患意识，以及以色列和犹太人骨子里的好奇和逍遥自在的秉性。时任总统西蒙·佩雷斯描述了以色列人民的冒险精神，他解释说："以色列培养的创造力不是与我们国家的规模相符，而是与我们所面临的危险成正比。"

公元135年，在犹太人反抗罗马人起义失败后，犹太人的历史就进入了大流散时期，从这时起，犹太人不再拥有自己的国家，而是分散到世界各个国家和地区。在流散期间，犹太人散居在世界各地，他们没有自己的土地，在职业选择上也受到限制。为了生存和生活，他们不得不另辟蹊径，流散时期他们大多从事商业贸易、银行借贷等行业，这些行业在当时的社会中又是为人所鄙夷的。除在从事行业方面有所限制以外，犹太人的生存境况也受到反犹主义此起彼伏的影响。反犹主义在历史上的表现形式不一，既发生过政府主导的大规模的驱逐犹太人的活动，也出现过民间自发的对犹太人的迫害行为。在这种情况下，犹太人面临的生存环境并不友好，因此犹太人有着强烈的危机意识和自省意识。在一千多年的散居期间，犹太文化和犹太传统并未消散。在犹太文化和犹太传统的维系之下，无论犹太人身处何地，他们都能团结在一起，对所处的环境和形势做出判断，寻求生存和发展的机会。同时，这种犹太文化和犹太传统也给犹太人带来了强烈的民族凝聚力和认同感。在犹太文化和犹太传统中，他们非常重视知识和教育，犹太家庭中的父母不会限制孩子的想象力，他们鼓励提问和发散思维，这一犹太传统一直延续至今。那这与创新有什么关系呢?想要拥有创新思维，就必须打破常规的思维定式，不能被局限在条条框框之中。犹太人这一传统在某种程度上也是促进犹太人创新思维形成的一个重要因素。尽管犹太人在其文化和传统的影响下，内部保持着相对稳定性，但他们也并非完全固步自封，一成不变。在犹太人走向世界各地的同时，受到不同环境的影响，犹太人也逐渐分支。例如我们现在了解较多的塞法迪犹太人和阿什肯纳兹犹太人，前者一般指的是15世纪后长期居住在伊比利亚半岛的犹太人及其后裔，后者是指中欧和东欧的犹太人及其后裔。一方面，犹太文化和犹太传统维系着整个犹太人世界内部的相对稳定性，凝聚着犹太人的力量；另一方面，不同地区的犹太人也在不断重新塑造犹太文化，更新犹太传统。犹太人通过与当地其他民族的交往，给犹太文化打上了不同地区的烙印。如意第绪语的发展，意第绪语是散居犹太人创造的一种语言，最初只是一种日耳曼方言，后犹太人融合了希伯来语、斯拉夫语等，将其发展成一种成熟的语言，以此语言为基础，还形成了独特的意第绪文化，意第绪文化也是犹太文化的重要组成部分。犹太人在与其他民族的交往过程中，通过思想上的交流和文化上的碰撞，给犹太文化和传统注入了活力。

犹太人在历史上面临着不断变化和更新的社会，这塑造了他们“chutzpah”（意第绪语中大胆的意思）的人生观。在意第绪语进入英语世界的过程中，这一词汇有了更广泛的含义。“chutzpah”通过电影、文学和电视中的白话使用而普及，这个词在商业用语中也会被解释为个人所拥有的勇气或热情。在犹太文化传统中，他们不信奉权威，也不崇拜偶像，在解决问题时直截了当，而不会绕圈子，浪费彼此的时间。以色列人崇尚直接沟通，从游客或者新来者的角度来看，

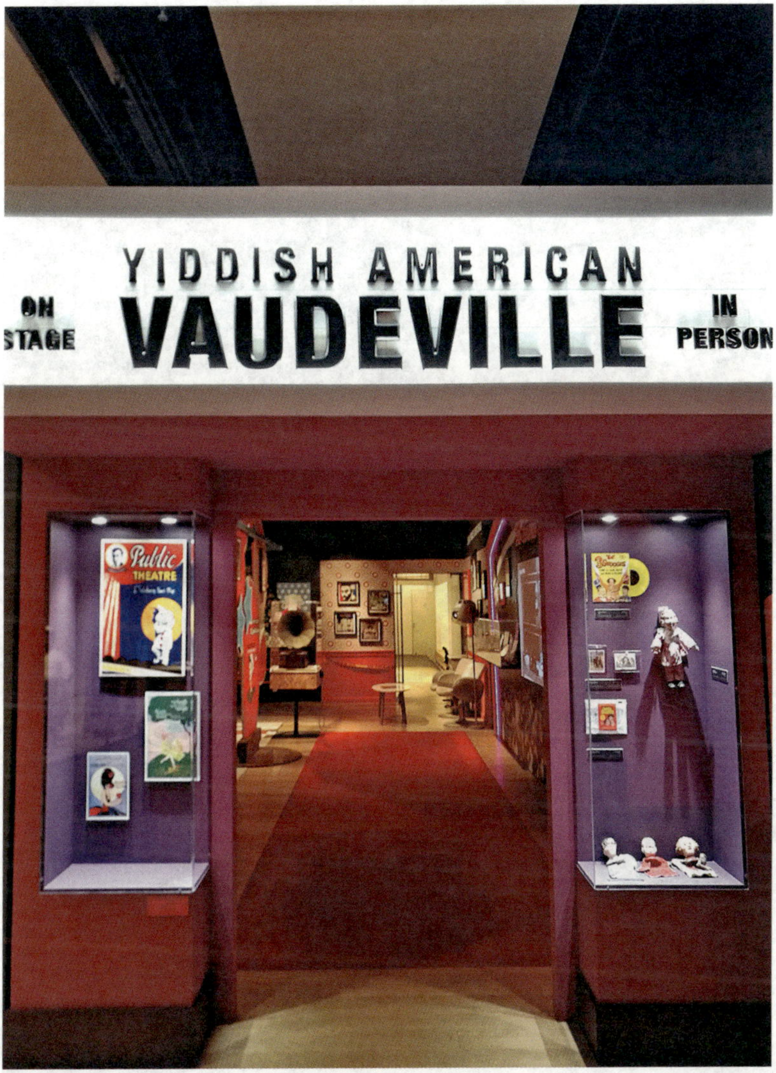
YIDDISH AMERICAN
ON STAGE
VAUDEVILLE
IN PERSON
Public
THEATRE

意第绪戏剧展 邓伟 摄

研读经典的犹太人 menachem weinreb 摄

以色列人有些表现会显得粗鲁。以色列人会直接告诉哭泣的孩子的母亲，孩子饿了或者需要穿上更厚的衣服。“chutzpah”不仅体现在交流方式上，也体现在他们敢于将新的想法付诸实践的做法上。比如PillCam（带有内置摄像头的用于内窥镜检查的一种胶囊）的发明者加夫里尔·伊丹(Gavriel Iddan)，之前是导弹光学专家，他没有任何医学背景，却产生了研制无线内窥镜的最初设想。以色列人在提出想法后迅速付诸实践，从一个简单的概念到具体化实施，失败后迅速调整反思，再重新尝试，这就形成了一个创造和成长的良性循环。以色列关键的研究和开发中心都鼓励直接表达自己的想法，并做好在演讲过程中被打断的准备，在大多数情况下，不要把激烈的争论误认为愤怒，这只是以色列一种与众不同的表达文化。

在犹太人眼中，读书是生活中不可或缺的一件事，文学艺术、诗歌音乐如水和粮食一样不能丢弃。他们认为，金钱装在口袋里，智慧却装在自己的脑袋里。犹太人有句格言：如果女儿嫁给学者，变卖全部家当也值得，如果娶学者的女儿为妻子，付出所有财产也在所不惜。

重生·危机：现实环境中的创新选择

在第一批现代犹太移民到达巴勒斯坦地区的时候，生存环境和生活条件比较恶劣。他们建立了集体社区，开垦荒地，从最初的一无所有，到逐渐适应生活，自给自足，他们尝试了不同的农业方法和社会建构模式。凭借这种冒险、探索和创新的意识，以色列人在巴勒斯坦地区站稳了脚跟，并开始涉足其他领域。冒险似乎是以色列文化中固有的。初代移民一无所有，他们没有什么可以失去的，但所做的皆为所得，这也使得他们勇于尝试不同的模式，不惧失败，这种精神也鼓舞了后来的以色列人。佩雷斯说：“我们什么都没有，只有阳光、沙漠、人的大脑和无穷无尽的梦想。”从第一批“创业者”在基布兹相遇，到现在以色列在国内形成了完整的创新生态系统，以色列的创新已经在很多方面取得了长远的进步。不论是在农业方面发明的滴灌式灌溉法、无人机采摘法，还是在计算机技术方面对软件和芯片的更新换代，又

以色列的滴灌系统　李永强 摄

或是在医学方面对药物和医疗技术的革新，这些无一不在显示着，以色列的创新已经渗透到社会生活的方方面面。

1948 年以色列建国第二天，众多阿拉伯国家联合起来进攻以色列，第一次中东战争爆发。战争以以色列的胜利而结束，第一次中东战争使以色列在中东地区得以立足。但身处阿拉伯世界的包围之中，以色列必须发展自身，才能保护犹太民族和这个新成立国家的安全。本－古里安和西蒙·佩雷斯都非常重视创新在以色列国家发展过程中的作用。西蒙·佩雷斯说："犹太人最大的传统就是不满足，这对于政治来说或许不是好事，但对于科学来说绝对是好事。"

以色列资源匮乏，因此资源密集型的产业发展潜力有限，以色列有必要大力投资教育并最大限度地提高人民的智力，其经济自然倾向于知识和创新。以色列国内市场狭小，无法产生足够的内需，许多以色列公司专注于可扩展性以及不受边界或运输成本限制的软件和互联网等高科技行业。以色列公司从建立之初就将目光放在全球范围内，他们面向全球，并与外国客户建立了良好的联系，这在全球化的今天是非常有优势的。以色列是一个吸收移民的"大国"，以色列的国土面积不大，但建国之后，来自世界各地的犹太人都移民以色列，为以色列注入了不同的文化。新移民的流入是以色列经济保持活力的关键。在 20 世纪 90 年代，近 100 万苏联公民移民以色列，其中许多人都拥有强大的科学和工程背景，新的以色列人表现出巨大的动力和冒险精神。通过阿利亚和移民吸收部下属的科学吸收中心，以色列政府帮助具有相关资格和经验的新移民在学术和商业部门找到了工作。雇主在最初时期雇佣移民会得到政府的补贴。为了满足 IT 行业对经验丰富的科学家的需求，科学吸收中心还为从国外返回以色列工作的以色列科学家提供就业援助。

以色列有着独特的混合文化模式，以色列的文化强调竞争、直接沟通、控制环境，并期望下属能够自觉主动地提出自己的想法，这种独特的结合促进了创新思想的实施。

鼓励·支持：多方共同努力打基础

以色列对教育和人才的重视为创新提供了充足的人力资源。本杰明·富兰克林说：“对知识的投资总能带来最大的利益。”犹太人对这一点深信不疑，犹太人非常重视知识、尊重人才。犹太人有句谚语：学者能够增进世界和平。

在世界各地的学校里，孩子们学习关于祖国和人民的历史、文化和知识，以色列也是一样，除了传统、圣经和犹太文化课程外，年轻的学习者们必须积极参与以色列的教育。了解以色列是犹太教育的一个重要方面，以色列教育建立了犹太人与犹太文化遗产之间的积极联系，在学习者和以色列土地、国家、人民之间建立起一种犹太人的集体责任感和持久的关系。以色列的教育依赖于培养优质体验，以发展散居的犹太青年与以色列土地、文化和人民之间的关系。以色列的教育基于犹太人的价值观、对土地的热爱以及自由和宽容的原则，力求传授高水平的知识，强调学习对国家持续发展至关重要的科学和技术

象征科技与知识的国家图书馆　刘洪洁 摄

以色列国家科学博物馆精密仪器展览 以琳 摄

以色列国家科学博物馆的光影展览 以琳 摄

技能。在以色列，上学日的大部分时间都用于必修的学术学习，虽然学习的内容在整个系统中是统一的，但每所学校都可以从教育部提供的各种学习单元和教材中进行选择，以期达到最满足教职工和学生需求的目标。为了提高学生对社会的了解，学校每年都会深入研究一个与以色列相关的专题，如希伯来语、移民、耶路撒冷、和平等主题。以色列的教育从孩子很小的时候就开始了，许多两三岁的孩子都会参加某种学前班，以便为他们提供更大的“领先优势”，特别是在社会化和语言发展方面。大多数的方案都是由地方当局赞助的，有的是由妇女组织经营的，还有的是私人所有。三岁到五岁儿童的幼儿园是免费的，旨在教授基本技能，比如语言和数字的概念，以培养认知和创造能力并提高社交能力。所有的幼儿园课程都由教育部指导监督，以期为儿童未来的学习打下基础。在班级中排名前 3% 并通过资格考试的天才儿童可以参加更为丰富的课程，天才班的学生不仅强调知识的传授和理解，而且强调将掌握的概念应用于其他学科。

以色列的一些中学会提供专业课程，以获得预科证书或者职业文凭。以色列颁发的大约三分之一的学士学位属于与科学和工程相关的领域。技术学校在三个层次上培养技术人员和实用工程师，其中一些是为高等教育做准备，一些是为了获得职业文凭而学习，而另外一些则是为了获得实用技能。例如农业学校，通常在住宅环境中，用与农学相关的科目来补充基础研究；军事预备学校在两种不同的环境中培训以色列国防军未来所需要的特定领域的职业人员和技术人员，这两个项目都是寄宿制，一个只对男孩开放，另一个是男女同校。未就读于上述任何一所学校的青年须遵守《学徒法》，在经批准的职业学校学习贸易。劳动部在职业附属学校提供学徒计划，这些课程持续三到四年，其中包括两年的课堂学习时间，剩下的时间每周学习三天，其他时间在他们选择的行业范围内工作，行业范围非常广，发型设计、烹饪、机械和文字处理等都是可选择的行业。

以色列在基础科学和研发方面的重大而有效的支出为创新提供了经济支持。以色列从一开始就明白，它必须通过投资人力资源和技术来弥补其自然资源和人力资源有限的情况，这一理解嵌入了第一任总

阅读希伯来文的儿童　Lavi Perchik 摄

理大卫·本-古里安的国家安全战略思想。多年来，这也慢慢成为以色列一直遵循的准则。

以色列将其高比例（约4%）的GDP用于研发，同时积极寻求外国高科技公司投资和技术转让。例如，大多数以色列研究型大学都有技术转让办公室，以鼓励与海外公司的合资企业，并吸引外部创新技术。

以色列的科学基金会是以色列为基础研究提供竞争性资助的主要来源。其中每年提供超过1300笔大约6000万美元的年度预算资金，主要为精密科学与技术、生命科学与医学和人文社会科学领域提供资助。给以色列大学、其他高等教育机构、研究和医疗中心的以色列研究人员的大多数资金都是由以色列政府通过以色列高等教育委员会的规划和预算委员会提供。2018年，以色列在研究和技术上的支出占其国内生产总值的4.95%，在世界上排名第一，韩国、瑞士和瑞典随其后。支出中大部分用于计算机系统、网络安全、人工智能和医学研究。以色列在高科技服务方面的优势是：在工程和自然科学领域，以色列的学术人员在国际中占有相对较高的比例。以色列的技术转让公司每年总共产生超过10亿新谢克尔（约2.76亿美元）的特权使用费，每年大约有150项新技术从以色列大学和研究机构获得许可，平均每年有15家基于学术发明的新公司成立。希伯来大学的伊萨姆（Yissum）和魏茨曼研究所的Yeda的收入排名在全球十大技术转让公司之内。最引人注目的是大量世界级获奖的以色列科学家，按照人均计算，以色列是诺贝尔、图灵奖得主人数最多的国家之一。

主动的和有针对性的政府支持也是以色列创新成功的重要因素之一。国家的经济和创新表现在很大程度上是一个旨在支持创新生产的精益求精、具有前瞻性的法律和行政框架的结果。多年来，这一框架由以色列的历届政府建立并逐渐完善。

以色列立法机构长期以来一直在积极主动地鼓励科技部门，它为政府向研发公司提供可用资本做出努力，并使这些资本投资的条款更具吸引力。法律支持对创新至关重要。以色列有许多法律旨在鼓励工业研究和发展中的技术创新，这些法律的一个共同特征是，它们为企

本·锡安希洛　徐新 供图

业家提供资本，或使投资者的经济投资回报更有吸引力。创建和培育一个成功的创业技术部门需要五个基本要素：知识资本、人力资本、社会资本、创业资本和金融资本。以色列拥有前四个要素，政府通过立法鼓励和加强了自由市场参与的第五个要素。2012 年，以色列人均工程师和科学家数量在世界国家中排名第九，但 2013 年以色列的人口才超过八百万。

《以色列的鼓励资本投资法》（以下简称《投资法》）对外国投资的公司提供了独特的激励。今天的《投资法》为符合某些条款的出口公司提供优惠税率（如果公司位于某些优惠地理区域，则税率低至 7%）。

以色列在科技创新立法层面的中心是《鼓励工业研究与发展法》（以下简称《研发法》）。《研发法》于 1984 年由工业、贸易和劳动部首席科学家办公室（OCS）贯彻实施。“OCS”于 1968 年成立，其早年间支持和推动的项目主要涉及军事技术和农业技术的民用开发。虽然 OCS 是政府的一个机构，但它的专业性较强，其领导者和管理者多是科学家、工程师和从事高科技领域的商业人士。《研发法》的目标之一是通过鼓励和支持以色列国内的工业研究和发展，在技术部门创造新的就业机会。《研发法》自成立以来经历了一系列重大修订，使其更符合全球经济的考量，同时促进了政府的政策目标。《研发法》成立了工业研发管理局，称为“管理局”，旨在实施《研发法》，鼓励工业研发投资。《研发法》规定，研究委员会将非常重视批准接收人关于在以色列的生产地点和附加值百分比的声明。从 2003 年 1 月 1 日起，投资以色列公司的股票在以色列以外的公认股票交易所交易的外国投资者将免除以色列资本利得税。如果满足某些条款和条件，投资在以色列证券交易所交易股票的以色列公司的股东也可以免除以色列的资本利得税。自 2009 年以来，类似的豁免也适用于外国人投资私人公司的资本利得税（在此之前，投资私人公司的豁免并不是很简单，只适用于外国投资者居住在司法管辖区与以色列有双重税收条约的，防止双重税收）。

以色列创新的成功同样得益于强大的校企合作。1969 年创建于以色列贝尔谢巴的本 - 古里安大学是以以色列第一任总理大卫 · 本 - 古里安命名的，这所大学的格言是“Inspiration Meets Excellence（灵感与卓越的碰撞）”，从格言中，我们就能看出这所大学对创新的重视，在很多时候，创新可能就来自某个时刻的灵光一闪。经过几十年的发展，本 - 古里安大学从传统的综合学科拓展到大量的多学科课程，如外国文学、生物医学等，课程逐渐多样化，本 - 古里安大学的“生命科学和生物医学”在以色列名列前茅。本 - 古里安认为，以色列南部广阔的内盖夫沙漠将是以色列未来发展的关键，那里将会有无限的可能性。本 - 古里安大学以农业、技术、创新、科学为主，致力于社区改善和教育水平的提高，这也与本 - 古里安的愿景相契合。尽管贝尔谢巴位于沙漠之中，但它是以色列发展最快的城市之一，也是沙漠中的新兴高科技中心。围绕本 - 古里安大学，这里已经形成了一个强大的技术生态系统，许多跨国公司在此落地。

本 - 古里安大学的技术转让公司（BGN Technologies）位于该大学的技术园区，它将大学的技术商业化，在大学实验室和市场之间搭建了平台，一方面满足了市场的需求，另一方面也刺激了大学的创新。

辛辛那提儿童医院　Warren LeMay 供图

本 - 古里安大学的规模在 20 年内扩大了两倍，这不仅与其自身课程的多样化发展有关，也与其技术转让公司的努力分不开。本 - 古里安大学及其技术转让公司的努力，吸引了众多投资和以色列政府的支持。BGN Technologies 公司拥有强大的技术转移业务，为本 - 古里安大学的多个专业服务，以色列军队曾计划在贝尔谢巴设立情报单位，让高科技为此服务。迄今为止，该技术转让公司在一些领域创立了多家初创公司，在贝尔谢巴，本 - 古里安大学的进步确实带动了该地区的不断发展，即技术进步促进经济发展。现如今的发展景象似乎也正在验证本 - 古里安对这片沙漠的愿景。之前，从本 - 古里安大学毕业的毕业生们大多会前往特拉维夫等城市找工作，而现在，贝尔谢巴迅速发展的创新生态体系特别是高科技园区的建立也给毕业生们留有选择的空间。

本 - 古里安大学在与其技术转让公司的合作下，创新氛围更浓，创新能力更强。2017 年，BGN Technologies 与美国辛辛那提儿童医院合作成立了 Xact Medical，这家初创公司将本 - 古里安大学的工程能力和技术与儿童医生的医学专业知识相结合，其研发的重点主要是快速智能针头输送系统，也就是提高针尖放置的准确率、速度和便捷度，一方面能够增强医生、护士的控制能力，大幅度提高治疗过程中的效率，另一方面减少儿童接受化验和治疗时的痛苦。

本 - 古里安大学的先进技术园区中也有一个非营利性的研究中心——数字创新中心。这一项目是由一些企业家创立并注资，得到了以色列先进组织和公司的支持。数字创新中心主要的研究领域是数字健康、教育、智慧城市和福利以及健康老龄化，这四个领域在当前世界上都非常引人关注。以老龄化为例，现在世界上许多国家都面临人口老龄化的严峻挑战，如日本、意大利等。在这个数字创新中心，有专门的团队负责老龄化项目，他们想要通过数字技术来应对全球的人口老龄化。在本 - 古里安大学、贝尔谢巴市政府和投资公司的共同努力和支持下，该中心建立了一个健康老龄化的创新实验室。这一项目的负责人佩普珥（Papier）认为，世界正在迅速地变化，传统的项目已经不适应现在的挑战了，必须使用创新的思维方式和解决问题的方式。这个应对老龄化的创新实验室模拟了老年人的生活场景，主要想解决老年人独居带来的一系列问题，如防止跌倒、协助洗澡和协助上厕所等。数字创新中心设想了许多方法来减轻老人的孤独感，例如使用机器人识别面部表情，以及时与其家人、朋友或医生取得联系。在应对老龄化的项目中，数字创新中心还建设了无线平台，用于监测老年人的心率、识别潜在的危险，以及时提供警报。数字创新中心也与很多初创企业合作，他们鼓励初创企业进行不断的探索和尝试，以求找到最终解决方案。

特拉维夫大学是以色列最大的研究型大学，涵盖科学、人文和艺术领域。在为初创企业筹集资金和促进其学生的创业精神方面，它在世界排名第九。特拉维夫大学每年的研究投资约为 1.8 亿美元，平均有 1800 个研究项目。在他们的教学大纲中，管理学院为学校的所有学生提供课程，其中包括与年轻企业家相关的方面，如知识产权、财务、市场营销和品牌推广等。特拉维夫大学（TAU）创新会议是一个由特拉维夫大学创业中心组织的国际活动，旨在在特拉维夫聚集所有有兴趣投资以色列早期、前沿技术的利益相关者，通过活动来展示新的初创公司。特拉维夫大学创业中心是一个非营利性组织，与特拉维夫大学是伙伴关系，主要举办一些与创新相关的学术和投资活动。以色列理工学院拥有与特拉维夫大学同样令人印象深刻的技术转让组织，到目前为止，它已经产生了700多个专利，每年对技术附属公司都会进行高额的投资，同时也收到了回报，2016年就产生了3300万美元的版税收入。

二

谁在促进以色列创新？

创新生态的缔造者：以色列创新局

以色列的企业文化、强大的技术再加上高精尖人才的培养，使创新成为以色列最有价值的资源之一。1965 年，以色列成立了首席科学家办公室，以加强以色列经济民用部门的经济权能。2016 年，首席科学家办公室更名为以色列创新局。以色列创新局是一个独立的公共资助机构，内部包含六个主要的创新部门：创业部、成长事业部、技术基础设施、国际合作、先进制造和社会挑战。通过这些部门的设置，以色列建立了更为高效的服务和管理体制，以便为创新企业和创新人才提供优质的配套资源。以色列创新局往往通过提供实用工具和资助平台，掌握以色列和国际创新的前沿动态，以便满足不断变化的市场需求。以色列创新局将政府机构、学术界以及私人的一些提议联合起

רשות החדשנות
Israel Innovation
Authority

以色列创新局的图标　Mehamemet 供图

来，成为创新的催化剂。以色列创新局帮助企业家、技术成熟的公司与学术团体和有兴趣与以色列合作的跨国公司进行对接，来寻求国外市场。

以色列创新生态的一个主要参与者就是以色列创新局，这是负责促进国家及其各行业创新的中央政府机构，被认为主要负责制定过去30年左右的促进创新的政策。当局还发布工业研发项目，与国际研发合作伙伴合作，并与人工智能、网络科技等行业合作，为政府制定创新政策。

以色列创新局的六个部门各司其职，以满足客户的不同需求：

1. 创业部（Start-up Division）主要是提供工具来支持研发阶段，帮助创业者将其想法变为现实。部门计划包括孵化器激励计划、创新实验室计划、早期公司激励计划和清洁技术中心。其中比较出名的是孵化器激励计划，也就是一个创业中心，这个计划的目标是支持早期具有技术理念的企业家，在项目获得创新局批准之前不需要成立公司，

以色列创新局大楼 Neta 供图

这就帮助他们降低了项目风险并实现融资。孵化器计划面向私营企业家、以色列初创公司、研究人员和机构等。孵化器提供的全面协助，包括基础设施、技术和业务指导、法律建议、行政服务等。作为生物融合计划的一部分，孵化器侧重于人工智能、纳米技术等生物学和工程领域。但以色列创新局对孵化器有着严格的把控，孵化器通过竞争选出，许可期长达八年。除了孵化器之外，创新实验室计划也主要为企业家和初创公司服务。创新实验室计划通过为公司提供广泛的平台，来促进各行各业、学术界与其他公司的合作，以色列创新局提供了大量的资金，将人们的想法具体化为商业产品，从而推动初创企业与全球的对接。

2. 成长事业部（Growth Division）帮助的对象主要是处于销售增长阶段的高科技公司，在这一部门，有专门鼓励跨国公司在生物科技与健康领域设立研发中心的奖励计划，该激励计划使在生物技术或健康领域运营的大型外国工业公司能够建立或扩大其在以色列的研发和技术创新业务，拓展这些领域在全球的产业链，同时该计划也增加了公司在以色列雇佣人员的数量。以色列创新局与以色列各政府部门之间的合作，使得国家能够集中精力在某些特定的领域。成长事业部会先面向社会进行征集，根据提案征集，以色列科技公司在选定领域内可以得到对试点计划的支持。这些受到支持的特定领域相对其他部门支持的领域来说范围较为广泛，既有与人们生活息息相关的交通运输、建设和住房、农业技术等，也有关于环境保护的，如减少温室气体排放等，还有关于信息技术的，如数字健康、网络防御、政府信息和通信技术管理等。这一部门也对高风险项目进行资金支持。

3. 技术基础设施部门（Technological Infrastructure Division）专注于资助应用研发基础设施，促进学术界的应用研究、技术转让。在这一部门计划中，建设有专门的国家研发基础设施论坛（TELEM），该论坛是 1997 年年底在以色列国家科学院的倡议下成立的，实质上是一个志愿组织，论坛的成员之间就研发的相关问题进行磋商协调，对国家研发基础设施的建设、运营实施和监督进行责任的分配。该论坛致力于通过建立国家研发基础设施和跨组织、跨部门的国际合作来促进科技领域的研发计划和项目。这项激励计划中的项目主要有生物技术和以色列国家纳米技术。第一个纳米技术研究所于 2005 年在以色列理工学院成立，这一研究所是由以色列理工学院、慈善基金和以色列政府共同出资。这一研究中心建立后，在魏茨曼研究所、希伯来大学、本 - 古里安大学等都建立了纳米技术中心。2018 年，在该计划的支持下，以色列和德国开展合作，启动了以色列—德国联合资助的项目，这些项目的核心是将知识从学术界的纳米技术中心转移到以色列工业以及德国研究中心和工业。

4. 国际合作部（International Collaboration Division）负责协调以色列公司与国外对口组织在创新研发知识和技术方面的国际合作，从而为以色列工业在全球市场上提供各种竞争优势。该部门主要是通过一系列双边合作协议和双边基金以及欧盟框架计划为此类战略同盟提供支持。该部门的计划鼓励在所有创新研发领域开展国际合作，从而帮助以色列公司通过全球战略网络系统发展壮大，获取各国的技术知识，并扩大其产品在全球市场的规模，来提高以色列公司在国际市场上的竞争力。以色列积极寻求与欧洲合作的机会，创新局为参与欧洲框架计划的以色列实体提供联合资助，以支持公司寻求合作伙伴。如欧盟框架内的地平线计划，针对长期参与欧盟框架计划的选定公司，创新局每年都会向选定的公司提供长达 3 年的援助，以帮助他们长期参与欧洲的地平线计划。该部门针对新兴市场也作出了相应的计划。新兴市场的产品适应激励计划是作为跨国之间的激励计划的一部分而制订的。该项计划中认可的费用包括升级 / 更改制造流程、监管调整、建立测试站点、发明实用专利等。双边基金也是其中一项，由两国基金资助，分担资助项目的风险，并为寻找外国技术合作伙伴提供支持，目前有四个双边基金：以色列—印度、以色列—美国、以色列—新加坡、以色列—韩国。

5. 先进制造部（Advanced Manufacturing Division）专注于推动制造业企业实施研发和创新流程，以增强其在全球舞台上的竞争力，并提高各个工业部门的生产力。制造业企业研发预备激励计划是创新局为制造业部门运营的补充工具，在以制造业为中心的公司进行以创新为中心的变革。预备激励计划主要有四个方面：第一，支持跟踪，也就是协助制定新产品或流程，有专门的技术顾问协助申请人制定创新理念；第二，技术可行性审查，是在技术顾问的指导下评估技术可行性的过程，技术顾问在降低技术风险的初试过程中协助申请人；第三，为生产过程中的缺陷制定解决方案；第四，改进生产过程，通过创新技术改进来简化生产过程。大部分收入来自传统技术部门或混合传统技术部门的产品制造业，诸如食品、纺织、皮革、橡胶等都是符合条件的可以申请该计划的以色列工业公司。

6. 社会挑战（Societal Challenges）这一部门专注于提高公共部门服务的有效性和质量，以及通过技术创新提高社会福利和生活质量。其中以色列大挑战赛（Grand Challenges Israel）激励计划是全球健康大挑战（Grand Challenges in Global Health）国际倡议的一部分。该计划与以色列国际发展合作署（MASHAV）合作，主要支持的是针对发展中国家面临的健康挑战的技术创新研发。这项激励计划适用于瞄准发展中国家市场和制定重点领域的公司和企业家，计划重点关注的领域主要有三个：全球健康，包括卫生服务、孕妇和新生儿健康、传染病治疗、公共和社区卫生、精神健康；可持续发展，包括水处理、水卫生和卫生设施；零饥饿，主要包括干旱条件下的灌溉、粮食安全和可持续的先进农业。以色列创新局通过向社会公开征集提案的方式，来选择其资助的对象。具有现实关怀意义的计划之一是残疾人激励计划的辅助技术，毫无疑问，辅助技术能够给残疾人的生活带来巨大的变化。这项政策的目标是鼓励研发为残疾人解决生活上一些问题的工业产品，有兴趣开发为身体、情感或认知障碍群体提供服务技术的以色列公司和非营利组织经过审批后可以获得这项资助。除这些之外，还有专门针对极端正统派和少数族裔的激励计划。

20 世纪 90 年代，以色列风险投资行业得到了迅速的发展。在以色列首席科学家办公室的支持下，1993 年，以色列政府赞助了“约兹玛（Yozma, 希伯来语中为‘倡议’的意思）计划”，该计划旨在通过投资新的风险投资基金来启动创新产业。每个 Yozma 基金都对以色列政府持有的股票持有五年的看涨期权，从而激励私人投资者以预先确定的价格购买政府股票。Yozma 项目成功地吸引了大公司投资以色列新兴的风险投资行业，从而带来了所需的资本和专业知识。20 世纪 90 年代末，由于各种原因避免直接投资以色列科技企业的外国风险投资基金开始克服这些障碍，并对以色列主导的科技企业进行初步投资。随后，几家外国风险投资基金甚至在以色列开设了办事处，并建立了专门用于投资以色列技术的基金。目前，以色列约有 70 家活跃的风险投资基金，其中 14 家是在以色列设有办事处的国际风险投资基金，以及许多其他通过内部专家在以色列积极投资的国际公司。

以色列创新局非常重视人才，他们会向提供创新模式以增加高科技产业工人供应的项目提供资金，实质上也就是为高科技行业提供资金，为高科技产业培训和安置优质、熟练的人力资本。在新冠疫情流行期间，以色列的高科技产业表现出强大的韧性，并在筹集资金方面打破了纪录，但以色列创新局认为，这会加剧该国技术工人长期短缺的问题。一项名为“人力资本基金”的倡议开始出现，特别强调代表性不足的群体，如极端正统派、阿拉伯专业人士、妇女和 45 岁以上的员工，以及来自国外的工人。人力资本基金计划将以“定义挑战而不是解决方案”为宗旨，并根据统一的标准进行审查，在培训、专业化、安置、升级、识别潜力等领域支持不同的项目，例如向该行业增加高薪技术人才等。以色列创新局将人才短缺视为以色列高科技产业持续快速增长以及保持国际领先地位和竞争力的最大挑战。以色列创新局中有一个技术孵化器项目，该项目首次成立于 1991 年，部分目的是为来自苏联的新移民提供成为成功企业家的资本和资源，此后扩展到更多的孵化器，大多从事技术相关领域，所有这些孵化器现在大多通过公开招标实现私有化。

推动创新走向世界的以色列创新研究所

以色列创新研究所成立于 2011 年，旨在支持以色列企业家和公司应对全球挑战，并为以色列的经济增长和社会发展奠定基础。以色列创新研究所专注于对公众影响最大的问题，并通过构建创新社区和开放式创新计划的独特方法来推进解决这些问题，他们不断寻找资源，与行业参与者交流知识来支持企业家和初创企业。在与企业家、实体、学术界、投资者、政府部门、市政当局、非政府组织和服务提供商合作之下，创新研究所能够使用指定的工具加速开放式的创新流程，同时他们也支持加入以色列创新生态系统的国际组织。以色列创新研究所与以色列政府合作，主要运营以下几个创新社区：健康社区（HealthlL）、农业科技社区（GrowinglL）、智能移动社区（EcoMotion）、专业社区（CatalystlL）、沙漠治理技术社区（DeserTech）、关注气候社区（PlaneTech）。

HealthlL 主要是促进创新技术在卫生组织中的实施，包括 7500 多名成员、800 多家初创公司、100 多家公司实体，以及 35 个卫生组织。一年一度的 HealthlL 会议有超过 1500 名参会者，是以色列医疗保健创新的领先会议。

GrowinglL 由超过 3500 名成员、500 家先进农业技术公司和初创公司组成。该社区每年举办一次投资者活动，来为技术公司和初创公司提供发展的渠道。与趋向集团（Trendlines）和绿土农业与食品集团（Greensoil）合作，农业投资社区（AgriVest）举办的会议是以色列农业科技界最大的会议，有来自世界各地的 800 多名参会者。该社区与许多国际公司合作，以促进知识转移和合作。在应对新冠疫情时，社区也制订了相应的指导计划，帮助初创企业度过危机。

以色列最大的智能移动社区（EcoMotion），拥有超过 12000 名成员和 600 家初创公司。该社区的成立旨在将以色列定位为全球智能交通中心，并在其整个生命周期中为初创企业提供支持。EcoMotion 已与领先的全球移动参与者发展战略合作，支持以色列移动技术在全球的整合。在过去两年中，该社区加大了在以色列公共部门实施创新的力度，并与主要基础设施公司和超过 45 个城市共同努力实现这一目标。

以色列研究所首创的专业社区（CatalystlL）的重点是在公共部门和私营部门以及区域层面的组织内发展创新管理的知识和专业。CatalystlL 的成立与研究所的愿景直接相关，其中包括培训创新管理人员，使创新更快进入公司和组织。

DeserTech 成立于 2020 年 6 月，是一个总部位于贝尔谢巴的全国性社区，该社区推广沙漠技术，并加强干旱地区的农业、水、能源和沙漠基础设施建设。社区的主要目标是增加该领域的企业家和技术的数量。社区将贝尔谢巴和内盖夫沙漠作为试点，这反过来又改善了该地区的服务，创造了该地区的竞争优势，同时促进了国际合作，为该领域的企业家带来了知识和资源。

关注气候社区（PlaneTech）的目标是引领以色列和全球技术创新以应对气候变化。社区通过活动、研讨会以及与国际组织的合作，促进气候变化教育和生态系统创新活动。

创新系统中的关键一环是谁?

除了以色列公共部门在创新生态系统中发挥了不可否认的作用之外，私营部门和公私合作也是以色列创新生态系统中的关键一环。私营部门参与创新始于 20 世纪 80 年代末。美国国际商业机器公司（IBM）是第一家在以色列建立研究实验室的跨国公司，后来该实验室搬到了海法大学。实验室自成立以来，雇用了数千名学生，他们在交通等许多领域进行创新。私营部门主要在风投部门和孵化器项目方面表现活跃。目前活跃在以色列和外国的风险投资公司，其中大多数在以色列设有办事处。在以色列，私人创新融资的顶端是大型国际企业集团的各种企业和私人募股投资，比如微软，微软拥有一个本地投资部门和一个初创企业加速器。许多私人拥有的加速器得到了来自银行和投资界更传统的工业和商业支持，如巴克莱。这些新的加速器更加丰富和突出，同时也出现了“城市”加速器，也就是那些专注于帮助在交通、房地产、地方政府、地方服务等领域与城市合作的初创企业的加速器。

运输部门在这个充满活力的国家创新系统中起步相对较晚，然而，它却显示出了非常强劲的增长势头。越来越多的外国跨国公司进入以色列国家创新系统，主要是汽车行业，如奔驰、哈曼、三星等许多其他正在寻求投资于交通行业创新生产活动的公司。他们主要感兴趣的就是“智能移动”领域，如以电动、自动移动作为服务的“智能”汽

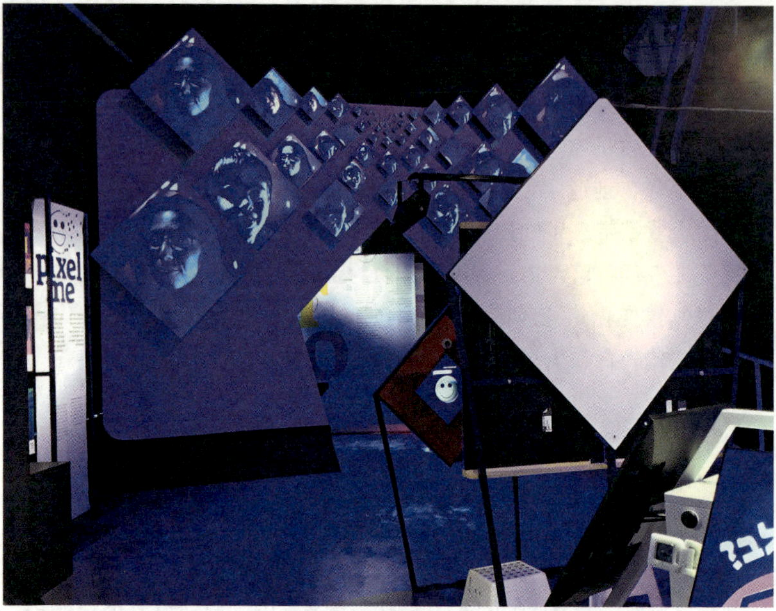

海法科技馆的 3D 体验　邓伟 摄

车技术，以及其他相关领域（清洁燃料、“智能”基础设施等）。已经有许多关于运输行业私营部门的成功故事被报道，故事的主角是以色列的一些初创企业，这些企业被大型跨国公司收购。在公共部门参与交通创新方面，以色列政府和其他部门一样，提供了整体的支持框架（立法、金融和政治）。从 2013 年到 2017 年，活跃在智能交通领域的初创公司的数量增加了将近 7 倍。

科技与现实的完美结合：佩雷斯和平与创新中心

佩雷斯和平与创新中心位于雅法市，旨在展示推动以色列创新发展的重要人物。该中心使用以色列前沿技术搭建了一个技术空间。中心面向世界游客开放，预定即可前往参观。

中心包括五个展览室。第一个展厅中有 18 个真人大小的以色列企业家的视频化身，他们都在创新国度的发展过程中留下了自己的印

佩雷斯和平与创新中心 Ori 供图

迹。站在大厅里，与企业家面对面，就像在现实生活中和他们说话一样，通过触摸屏幕可以与每位企业家进行实景交流，其中准备了四个问题供参观者了解他们，这四个问题分别是他们是如何提出自己的想法的；他们的童年生活是什么样的；他们面临的挑战有哪些；他们对现在崭露头角的企业家有什么样的建议。

展出的科技名人有乌利 · 莱文（Uri Levine），他是交通应用维兹（Waze）的创始人，这项应用可以根据用户在智能手机上的 GPS 生成的数据来确定交通流向或者应该减速的位置。除了打开应用程序外，驱动程序无需执行任何操作，当出现减速情况时，手机上的地图会出现一个图标，图标越大，该地的车流量越大。用户可以通过点击触摸屏手动实时报告他们在路上遇到的情况，事故、警察和交通摄像头会有不同的图标来表示。如果某条高速公路要关闭一段时间，Waze 将直接不再在地图上显示这条线路。当汽车没有移动时，你甚至可以通过 Waze 地图看到其他司机聊天。Waze 在全球已经拥有了将近一千万的

USB闪存驱动器
的发明者
1989年，莫兰创立了M-Systems——该公司于2006年底被SanDisk以16亿美元收购。自此以后，他在物联网、B2B云平台、移动和新媒体技术领域创建企业并投资。目前，莫兰是风险投资基金Grove Ventures的执行合伙人。
道夫·莫兰（Dov Moran）
以色列企业家和投资者

道夫·莫兰　徐新 供图

用户，该服务在美国、法国、瑞典等国都很受欢迎。道夫·莫兰（Dov Moran），是世界上最著名的以色列高科技领导者之一，他参与的发明主要是在基础设施技术领域，莫兰将教育视为创新的基础，他指导协助以色列企业家将研究和创新转化为商业。在 2015 年，他创立了风险投资基金，主要投资具有尖端技术的早期初创公司，如半导体、传感器、人工智能和数字健康等。

第二个展览厅是以色列第九任总统西蒙·佩雷斯办公室的仿制品。该展厅为非接触式房间，室内滚动播放佩雷斯的相关视频。在第三个展览厅中，可以了解以色列创新的所有领域，包括在汽车技术、农业技术、医疗设备、网络安全等领域炙手可热的初创公司概况。第四个展厅，提供 VR（虚拟现实）设备，旅游者可以体验乘坐以色列制造的航天器。对于 VR 新手来说，这将是一段非常美妙的尝试。

最后一个展厅空间最为庞大，展示的是每年在以色列表现最为突出的 45 家公司，涉及交通、能源、环境保护等多个方面。例如：电动汽车充电技术公司；旨在保护敏感器官和骨髓免受外太空辐射影响的防辐射背心制造商；致力于将实验室小型化的太空医学测试初创公司；

将食物残渣和动物粪便等进行处理，转化为能源和肥料，这样的再生能源转换公司发展势头迅猛；根据水的特性来检测细菌、重金属和有机农药的技术大受人们欢迎；可用于生活化空气质量的监测服务为人们带来便利。在游览过程中，游客还可以品尝哈高食品科技（Hargol Food Tech）大量生产的蚱蜢。佩雷斯和平与创新中心采用英语、希伯来语、阿拉伯语和汉语进行文字和音频的介绍。

创新创业的温床：加速器和孵化器

对于初创公司来说，融资选择的范围是很广泛的，其中包括加速器和孵化器。

创业加速器为已经拥有可行产品的早期公司提供所需的资源和指导，加快公司的成长速度。加速器适合准备扩大规模的初创公司，而不是从事客户开发并试图找到产品市场契合点的初创公司，快节奏是其基本特点。通常初创公司在进入加速器计划之前就已经做了大量工作来证明他们的产品，经过几个月的指导和成长，初创公司更能够吸引投资者。大多数加速器计划的申请过程是分阶段完成的，不仅要对初创公司的想法、市场、吸引力和团队等细节进行询问，而且要对团队进行采访，受访者需要提供文件以证明他们关于收入、法律地位或对公司提出的任何索赔的陈述。完成最终评估后，进入评估阶段的团队中会有一半左右获得资金支持。加速器的优点也是显而易见的，它提供了独一无二的社交机会，能够获得与知名公司和影响者合作的机会，得到来自连续创业人和投资者的个性化指导，能够建立与创新型初创公司的合作和伙伴关系。

创业孵化器能够帮助企业家完善商业理念，并从头开始建立他们的公司。孵化器比加速器更开放，通常不是为了快速促进增长而设计的。孵化器培育和指导初创公司的时间更长。孵化器通常提供办公空间和专家咨询，并帮助将概念转化为与产品市场相匹配的东西。与加速器不同的是，孵化器对是否成功并不施加压力，适用于那些处于早期阶段并且需要帮助来度过创意阶段的公司。孵化器的申请过程不像加速器一样竞争力那么强，他们更专注于推动当地初创企业和改善该地区的商业生态系统。

以色列有 100 多个加速器和孵化器。加速器和孵化器公司涵盖的范围很广，既包括农业、水资源、太阳能，也有专注于教育科技、数字媒体和电子商务的。以色列成立较早的医疗和农业企业孵化器是 1993 年的趋向（Trendline），该创业孵化器主要投资以色列的医疗和农业技术公司。2006 年成立的泰拉风险投资伙伴是专注于早期和成长阶段的风险投资和孵化器公司，它投资太阳能、水和废物管理、可穿戴技术等，该公司通常向每家公司投资 100 万至 200 万美元。随着社会的发展，以色列加速器和孵化器的投资领域有了明显变化。2013 年成立的尼尔森创新基金是国际市场研究领导者尼尔森的以色列技术孵化器，致力于对网络、媒体和广告初创公司的早期投资。

创新系统中的一抹风景线：极端正统派

我们可以设想一下，在一个周四的晚上，一群顶级的高科技公司的 CEO、一位前空军指挥官和某银行董事长走进耶希瓦（Yeshiva），开始和学生们一起学习《塔木德》。也许在我们看来，这像是一个玩笑，但这是以色列社会正在发生重大转变的一部分。卡玛科技（Kama Tech）是一个非营利性组织，也是极端正统派企业家的创业加速器，旨在将哈瑞迪男女融入以色列的高科技产业。每年，Kama Tech 都会筛选大约 450 份申请，并选出 8 个创意最佳且有抱负的企业家。然后企业家们工作一年来建立技术和公司，制定进入市场的战略并帮助巩固与商业领袖的战略伙伴关系。2013 年，在 Kama Tech 成立之初，其数据库中只有五名极端正统派的企业家，后来增至几百名。对极端正统派的领导人来说，他们认为年轻人通过祈祷和学习就可以为国家服务，以保护犹太人的遗产，而融入世俗军队和劳动力将破坏他们的生活方式。但是由于高出生率和高失业率，极端正统派社区并不富裕。

以色列政府试图将极端正统派带入劳动力市场和高科技行业。根据以色列银行的统计，极端正统派的男性和阿拉伯女性的低就业率可能会阻碍以色列未来经济的增长。极端正统派社区是以色列最贫穷的社区之一，因为男性倾向于学习《托拉》，而传统上，女性则负责养家糊口。但这种状况正在得到改善，从 2008 年到 2014 年，哈瑞迪犹太人就读于学术学习机构的人数几乎增加了三倍。在 2017 年，特拉维夫 Kama Tech 活动上展示的最新初创公司包括：医生百科（Doctorpedia），这是一个寻求解决方案的患者能够与专家和医生进行实时在线咨询互动的网站；在线购物（Bot Buy），它开发了一个对话引擎，可以将电子商务网站上的消费者与最适合他们需求的产品相匹配；穆济（Muzy），一家旨在使音乐学习民主化的初创公司；埃默吉（Emerj），致力于通过提供专业发展机会来帮助公司留住千禧一代员工；特里索（Triso），它正在开发一个用于自动分析和评估解剖图像的最先进平台。从 2014 年到 2018 年，科技行业的极端正统派员工的人数增加了 52%，其中女性占多数。

联合办公（Ampersand）是位于特拉维夫郊区城市伯尼布莱克（Bnei Brak）的共享工作空间。在每周四的下午，许多联合办公空间组织起来庆祝一周的结束，在这个欢乐的时光，除了葡萄酒、奶酪和三明治，还有传统的犹太安息日吃的豆类和肉类炖菜以及新鲜的沙拉、啤酒和冷饮。联合办公空间通过为女性和男性提供独立的工作空间、犹太厨房和祈祷空间来满足极端正统派企业家和技术工作者的需求。比如厨房设有两个水槽：一个用来清洗盛奶制品的餐具，另

极端正统派

一个用来清洗肉类，符合犹太人的饮食规则。同样，也准备了三个微波炉，一个用于加热肉类或鸡肉，一个用于牛奶制品，第三个用于犹太洁食状态有问题的物品。事实证明，工作空间计划非常成功。在这个工作空间，她们无需通过面对面的方式工作，只需通过网站操作，为大家提供世界各地的犹太餐馆、犹太教堂和犹太遗址的信息，还可以提供可在当地商店找到的犹太洁食产品清单，她们可以与当地的犹太社区保持联系，以帮助她们获得必要的信息。这种线上工作方式，既保证了那些极端正统派女性遵守宗教的要求，也减小了她们的工作压力。Ampersand 的成立是为这些初出茅庐的新企业家提供一个工作、联系和参加研讨会及会谈的地方，并度过为她们量身定制的欢乐时光。该中心得到了多家赞助商的资金支持，其中主要是以色列自动驾驶技术制造商的联合创始人阿姆农 · 沙书亚（Amnon Shashua）教授，该公司于 2017 年被英特尔公司收购。

三

科技照进现实：以色列的创新成果

以色列创新并不仅仅停留在观念层面，而是将很多头脑中的想法通过实体表现出来，在一次次尝试、失败、再尝试的过程中，以色列的创新已经渗透到人们生活的方方面面。

以色列为何是第二硅谷？软件创新引领潮流

20 世纪 90 年代，以色列的 IT 行业经济取得了前所未有的增长，2000 年达到 163 亿美元，严格来说，其中 37 亿美元归因于软件部门，软件部门雇佣的工人达到 7 万多人。以色列的软件行业一直主要以产品为导向，从一些传统成功的硬件部门发展而来。军方在以色列早期的软件创新中扮演了重要角色。另一个对软件编程工作非常重视的是国家财政部。1960 年，所得税副专员伊曼纽埃尔 · 沙龙决定，在将税收评估分配给纳税人之前，做进一步精确的计算。由于他和机械化流程服务（SHAM）负责人的努力，财政部购买了一台 NCR 计算机。1969 年，国家间达成了共识：软件行业不同于硬件行业。在这之后，以色列大学开始将计算机科学作为一个特定的研究项目，以色列在整个国家创建软件培训和开发中心。

在以色列，软件行业一方面以大学系统为中心。大学系统将软件视为是从数学和电气工程发展而来的学科，并与美国和欧洲的学术研究系统有密切的关系。许多大学教授从美国和欧洲获得博士学位。另一方面以计算和信息系统中心马拉姆（MAMRAM）和私立学校为中心，这两者将软件视为职业，培训人们编写为组织面临的特定问题提供解决方案的技能。MAMRAM 是希伯来语，是计算和信息系统中心，是军方建立的一个内部训练单位，这是以色列建立的第一个这样的单位。到 20 世纪末，MAMRAM 已经被认为是世界上高品质的软件人才的最佳来源之一。

计算机相关专业的学校简称 CRP 学校，CRP 学校每年培训大约 300 名程序员，并提供特定的平台、系统或者语言的专业课程。在完成核心编程课程一年后，CRP 学校的毕业生会返校参加为期一周的基础软件设计课程。18 个月后，他们回到 CRP 学校学习为期 5 周的高级设计课程。在高级软件设计课程结束后，程序员的职业生涯遵循特定的专业道路：那些专门从事基础设施工作的人继续学习基础设施学科的高级课程；那些专门从事应用程序编程的人通常要参加为期一年（每周 1 天）的系统分析和设计课程，以及项目管理课程。CRP 学校的后备人员通常都是行业专家，虽然他们中的许多人曾在与计算机相关专业的学校工作过，但也有部分人是从学术界和工业界招募来的，他们有三个主要职责：1. 教学，后备人员通常负责基础课程中更高级或者特定行业的课程，并教授几乎所有的高级课程，如系统分析、设计或项目管理；2. 开发和升级 CRP 学校的课程，后备人员在 CRP 学校课程的指导委员会工作，并组成了开发、升级编程和高级课程的大部分团队；3. 创建和撰写教学和参考材料，大部分写作都是在预备役人员的帮助下完成的，他们会用希伯来语编写原始的高级的参考材料。这项活动为处理、分享和传播宝贵的专业知识和隐性知识创造了一个独特的环境。行业专业人员，他们永远没有机会在日常生活中写作和分享他们的知识，但在进行这项工作的过程中，他们的知识保存了下来。此类学校促进了信息收集、共享、创造和传播的环境，作为一个平台，信息不仅流动，而且在工业公司和学术组织之间建立了联系，这就为以色列的软件创新系统提供了重要而独特的公共服务。

QQ 的前身是 OICQ，而 OICQ 则是参照 ICQ 设计开发的。ICQ 寓意为“I Seek You(寻找你)”，最初是由三个以色列人阿里克·瓦迪(Arik Vardi)、亚伊尔·高芬格(Yair Goldfinger)、塞菲·维格瑟(Sefi Vigiser)于 1996 年发明的。在共同创建 Mirabilis 公司之前，他们在特拉维夫的一个软件公司工作。1996 年，他们离开了原公司，创立了 Mirabilis。在公司成立之初，是阿里克的父亲约瑟夫给他们投资了数十万美元，以继续开发这项技术。ICQ 是一款最早的独立的实时通信工具之一，可以提供免费下载。实时通信并不是 ICQ 的最大亮点，这种一对一对话的形式和完全集中于服务的概念，为后来的社交媒体绘制了蓝图，直至今天，在众多的应用程序中，仍然能感受到ICQ 的影子。ICQ 这项技术取得了巨大的成功，1998 年，ICQ 的客户端被美国的门户网站和在线网络提供商 AOL(America Online)收购，成为风靡世界的实时通信工具，在 2001 年达到了顶峰。AOL 收购 Mirabilis 创下了当时收购以色列科技公司的最高价格——4.07 亿美元。在 ICQ 出现之后，很多国家都出现了类似的实时通信工具，ICQ 引领了一股网络文化的风潮。

保护我们的数据免受危险网络活动影响的软件是计算机安全的基石之一，此类软件可以说是以色列最伟大的技术发明之一。检查点软件技术公司(Check Point Software Technologies)是一家以色列的跨国公司，为 IT 安全提供了软硬件组合产品，包括网络安全、端点安全、移动安全和数据安全等，其总部设在以色列特拉维夫。该团队在 1993 年开发了第一个完全可行的商业防火墙，团队中的吉尔施韦德在以色列国防军服兵役期间是情报部队的一员，负责保护机密网络。Check Point 在 1996 年成为全球防火墙的市场领导者，随后该公司在海外拓展自己的业务，收购其他的 IT 公司。2018 年，施韦德(Shwed)因对技术和创新的贡献而被授予以色列最高荣誉——以色列奖。在 2021 年 Check Point Software Technologies 收购了云电子邮件安全公司阿瓦纳(Avanan)，Avanan 是一个新成立的云电子邮件平台，可以逃避高级网络攻击，Avanan 将专为云电子邮件环境设计和构建的专利技术集成到Check Point整合架构中，以提供世界上最安全的电子邮件安全产品。

Check Point 大楼

Check Point 大楼　Petr Cícha 供图

现在越来越多的企业正在转向云电子邮件平台，但是电子邮件也成为黑客发起毁灭性网络攻击的主要渠道，因此这次收购有着巨大的潜力。通过将 Avanan 集成到 Check Point 的产品中，再通过电子邮件安全服务实现传统解决方案的现代化，并保护云电子邮件和协作套件免受最复杂的攻击，Avanan 将重塑电子邮件的“安全旅程”。通过与 Check Point Software 合并，将 Avanan 一流的 AI 技术与 Check Point Software 无与伦比的安全功能和威胁情报相结合，该 AI 可以捕获其他人都错过的复杂的电子邮件传播攻击。

沙漠玫瑰绽放：农业创新造奇迹

以色列国土面积狭小，沙漠几乎占据了国土的一半，耕地资源和淡水资源都十分匮乏。但以色列实现了粮食自给，并且出口给其他国家，这一切都依赖于以色列高度发达的农业。以色列有一套完整的农业科技创新体系，下设有专门负责技术研发、数据收集和向全国推广试验成果的部门，以色列农业借助高新技术的发展实现了现代化生产。自从第一批开拓者到达巴勒斯坦、清理布满岩石的田地、排干沼泽地以来，以色列的农业取得了很大的进步。以色列农业的最大优势是农民能够利用该国的沙漠地区作为温室。阿拉瓦山谷沿着以色列和约旦边界从死海的南端一直延伸到埃拉特，该地区已经成为以色列农民收获最多的地区之一，高强度的太阳辐射和干燥的天气保证了种植作物的生长。

总的来说，以色列大约 60% 的出口蔬菜来自阿拉瓦地区，除了辣椒，阿拉瓦地区还以甜瓜和鲜花闻名。阿拉瓦地区一年大约只有五个月的降雨时间，因此水是关键的农业资源。以色列地处中东沙漠边缘，水资源严重分布不均。以色列的降水主要分布在冬季，且降水多位于北部，北部的加利利湖是以色列境内最大、最重要的水源与蓄水库。以色列国内最具农业耕种价值的土地大约只占国土面积的三分之一，由于水资源和耕地资源的稀缺，灌溉与水利工程的设计和建造使用对以色列农业和经济有着重要作用。

以色列内盖夫沙漠　Jdblack 供图

阿拉瓦地区　batya ben zvi 供图

以色列的有机桑树　mulberry rneitzey 供图

现代滴灌技术于1860年开始在德国发展，到现在已经形成了非常成熟的技术和体系。以色列的耐特菲姆（Netafim）公司是灌溉制造商，也是滴灌系统的最大供应商，占全球市场份额的30%。耐特菲姆公司成立于1965年，如今已经成为滴灌和微灌市场的全球领导者。耐特菲姆发展滴灌系统和其他水技术，旨在提高作物产量，同时保持水和土壤肥力的质量和数量。该公司的产品为世界各国在不同地形和不同气候条件下种植的一系列粮食作物和经济作物提供高效灌溉。耐特菲姆在印度的微灌溉改变了印度农业，印度的农业生产转化率较低，农业社区最关键的问题之一是水的供应，印度农业部门的淡水取水量最高，占印度取水量的近85%，远高于全球平均水平。在印度—以色列农业项目合作之下，印度各个邦建立了技术中心，学习以色列的最新灌溉技术。以色列是全球优化用水尤其是农业用水的典范，微灌溉在以色列孵化并逐渐传播到世界各地，已被证明是一项有潜力改变印度农业面貌的技术。通过采用“印度制造”的技术转让概念以及以色列

丹尼 · 扎米尔　徐新 供图

海姆 · 拉比诺维奇　徐新 供图

农学家的推广支持，印度与以色列的农业技术合作给印度农民带去了最先进的创新。以色列被公认为是水资源管理、海水淡化和循环利用技术领域的领导者。以色列已经制定了重复利用废水进行灌溉的模板，处理了 80% 的生活废水，这些废水被回收用于农业用途，占农业用水量的近 50%。滴灌已经是许多发达国家用来减少水资源浪费的最有效形式之一，水可以直接滴到植物的根部，或者滴到土壤表面，或者通过管道和排放器网络滴到根部。

尽管以色列的水资源和土地受到限制，但农业生产的持续增长也并非偶然，离不开研究人员、推广人员、农民以及与农业相关的服务和行业之间的密切合作和持续创新。建国后，以色列一直在进行持续的、以应用为导向的研发。如今，以色列的农业部门很多都基于与科学相关的技术，政府机关、学术机构、行业和合作领域都共同努力寻求解决方案并迎接新的挑战。GrowingIL 领导的强大的社区支持农业科技的商业环境，GrowingIL 是以色列创新研究所、经济部、农业和农村发展部以及以色列创新局的非营利性合资企业，旨在通过实施突破性的技术发展以色列农业科技生态系统并重塑以色列农业。地理空间

滴灌系统　Zilan2000 供图

巴哈伊花园的滴灌　李永强 摄

农业数据管理平台（AgrIOT）是农业物联网的一部分，专注于通过使用大数据、云基础设施和无传感器物联网技术，以及先进的光学、数字图像处理和农艺决策支持系统，为各种规模的作物品种提供准确的施肥和浇水建议。他们的解决方案是基于植物叶子中的氮含量来管理肥料水平，通过测量叶子的绿度来确定，AgrIOT是唯一一家通过手机摄像头对植物中的“氮摄取”进行识别的公司，这种技术通过生物光学应用传感器采集氮吸收量，这项投资并不算大，但促进了现代农业的快速转型，并增加了农民的收入。该产品旨在使种植者能够使用移动程序从田间发送图像，并接收有关施肥和灌溉的建议。对土壤的实时监测能够保持理想的土壤湿度，可以降低作物歉收的风险，并提高作物生产力。监测不同深度的土壤湿度是优化每种作物特定土壤条件的理想方法，对土壤湿度水平的准确和持续观察可以减少不必要的灌溉，也节约了水资源。适用的作物有小麦、玉米、番茄、生菜、马铃薯和胡萝卜等。除此之外，AgrIOT作为地理空间农业数据管理平台，受众比较广泛，可以由拥有几公顷农场面积的单个农民使用，也可以由拥有数百名为全国数千个农场提供服务的推广人员的政府机构使用。该

以色列的沙漠农业　刘洪洁 摄

平台还有其他的模块，例如可以管理、测绘、发现昆虫的陷阱模块，以及可以对现场数据进行收集及提供害虫防治方法的模块。这一平台主要通过建立基站收集数据，一个农业物联网基战可以从至少 1.5 公里范围内的 1000 多个低功耗传感器收集数据，并将这些数据传输到云端。只要是注册的用户都可以通过软件和网站直接查看数据。这个基站专为室外公共或私有物联网网络部署而设计，能够抵抗湿气、风雨和热在内的环境因素，支持几乎任何农业环境中的无线传感器网络。

农业是一个国家的基础，粮食安全对一个国家来说举足轻重。全球每年大约有三分之一供人类消费的食物损失或浪费，在低收入国家，大部分损失发生在生产链的早期和中期，大多数新收获的谷物和豆类在进入市场之前就被害虫和霉菌破坏了，因为农民们倾向于将作物储存在篮子或者袋子里。以色列设计的谷物储存茧（Grain Pro Cocoons）为非洲和亚洲农民提供了一种简单而廉价的方式来保持他们的谷物的新鲜。该产品最初由专门从事塑料的基布兹销售，是在 20

世纪 80 年代由美国—以色列科技基金开发的。由国际食品技术顾问什洛姆·纳瓦罗（Shlomo Navarro）教授发明的巨大袋子，可以防止水和空气进入，纳瓦罗以前是以色列农业研究组织火山中心食品科学系的首席科学家。他这种简单但有效的解决方案可以帮助社区和国家避免对其谷物和豆类储存的巨大破坏，且无需使用化学品。该产品已经在非洲、拉丁美洲和中东地区投入使用。

阿迈兹（Amaizz）是一家农业科技公司，致力于开发、创新产品，以最大限度地减少在处理、储存和加工阶段因腐烂和降解造成的损失。2016 年，Amaizz 赢得了以色列挑战计划，并因创新的干燥技术获得了以色列创新局的支持。Amaizz 这种收获后处理和存储的解决方案可节省高达 50% 的错误处理和折旧造成的损失，并大大提高生产效率，从而获得更高质量的产品。该公司的产品和解决方案专注于大范围的客户，主要是中小型农民，但也包括商业农民、工厂和物流中心。农民迫切需要的是干燥机、冷却装置和存储设施的综合解决方案，Amaizz 提供便携、耐用、经济的清洁能源方案，以满足农民的需求。如 Amaizz 发明的烘干机，分有不同的种类，电动商品烘干机是一种先进的模块化烘干和储存装置，使用发电机供电，专为在恶劣的户外条件下长期使用而设计，烘干机配备了预编程算法，可调节通风机以蒸发和排出湿气，保护作物免受真菌和黄曲霉毒素的侵害。太阳能烘干机是在 300 瓦太阳能电池板上运行，专为各种商品而设计，该干燥机有 5~30 吨的规格可以选择，适用于多种长期和短期的储存和干燥，太阳能烘干机不需要电力，完全依靠太阳能来烘干商品，是发展中国家理想的烘干机。Amaizz 目前正在开发热带谷物干燥机，这是一种便携式且适应性强的机器，能够在高度潮湿的热带气候下有效干燥谷物。它利用便携式炉子和离心风扇来产生和循环热量，这种循环过程可以确保谷物的干燥。烘干是第一步，烘干之后的储存也是一个很重要的问题，Amaizz 也在努力开发一种长期储存多种商品的冷却装置，利用太阳能和电力混合冷却发动机运行，用回收材料制造装备，是农民延长产品保质期的综合解决方案。该公司有专门的配件如谷物水分仪，能够快速、准确地测量出谷物基质中的水分；黄曲霉毒素检测试剂盒，能直接检测出动物饲料和谷物中的黄曲霉毒素。除了在技术上提供支持外，该公司为客户提供收获后咨询、采购服务和研究与开发方面的专业知识，以解决整个食品供应链中的损失，这个服务面向个体农民和全球大型的农业组织。

在现代以色列创新者和发明家对可持续发展的日益关注下，他们的注意力已经从该领域的农业技术扩大到供应链设计的食品技术。从植物蛋白的制造，到使用人工智能做的糖替代品，再到人造肉，以色列在食品技术上的创新脱颖而出。Future Meat Technologies 是一家初创公司，该公司通过技术手段将养殖鸡胸肉的生产成本降低至 7.5 美元。这家公司在特拉维夫开设了世界上第一个工业培养肉设施，在不锈钢容器中生产肉更加清洁和高效。设施每天可生产 500 公斤培养产品，相当于 5000 个汉堡，使可扩展的基于细胞的肉类生产成为现实。目前该设施可以生产养殖鸡和羊肉，无需使用动物血清或非转基因，这个生产周期比传统畜牧业快约 20 倍。与传统的肉类生产相比，该技术的生产过程预计将减少 80% 的温室气体排放，减少 99% 的土地使用和 96% 的淡水。

授粉是生态系统中最重要的生物过程之一，授粉通常通过草和谷物进行，或者通过动物（主要是蜜蜂）进行。但近年来全球蜜蜂数量减少，这并不利于粮食的增产。蜜蜂数量的减少是多种因素导致的，如全球气候变化、过度使用农用化学品抑或是蜂群内部的混乱。以色列有几家初创公司，致力于保护蜜蜂和农业，以实现可持续的未来。以色列的初创公司蜂威（Beewise）创造了世界上第一个自主蜂箱，该设备可以容纳多达 40 个蜂群，可以通过一个应用程序进行控制。名为蜜蜂之家（Beehomes）的太阳能设备放置在养蜂人的田地中，设备内的机器人能够实时照顾蜜蜂，应用程序计算收获的蜂蜜、花粉的流量以及进行蜂群扫描。Beehomes 可以自动控制气候和湿度条件，如果有害虫进入 Beehomes，则会实时使用杀虫剂。当人工智能技术识别出蜂群出现非正常的聚集时，该设备会调整自身的环境条件使蜂群分散。一旦蜂蜜容器达到一定容量，Beehomes 会向养蜂人发送警报。ToBe 是以色列专注于控制瓦螨的蜜蜂科技公司，瓦螨是一种导致蜂群崩溃的寄生

蜂威科技的自主蜂箱　图片来源：蜂威科技

螨，这种病毒对蜜蜂和蜂巢健康具有破坏性的影响。该公司开发了一种蜂巢管理设备——保护蜜蜂（Bee Pro Tech），可以优化抗瓦螨化合物的传播，同时提供实时蜂巢的活力信号，不需进行人工干预。

知识就是财富：教育创新惠及底层

利用技术创造有意义的教育的举措正在推动教育技术世界的不断发展。尤里卡世界（Eureka World）和安纳托（Annoto）两家初创公司受到以色列创新局的资助，开发了用于教学和提高数字素养的创新辅助工具，这对教育系统产生了积极影响。Eureka World 是一家教育技术公司，可在多方参与的 3D 世界中实现联合创作和学习，该世界还结合了 3D 打印机、机器人控制器、VR 耳机等物理接口，超过 150 名教师担任了 Eureka World 3D 世界的学生的导师。Eureka 提供的技术学习环境能够扩展参与者的个人能力，由学生和老师共同创建 3D 游戏，每个小组选择一个主题并创建自己的游戏，可以邀请其他小组一起玩。通过创建这个游戏，培养了学生们重要的技能，如团队合作、技术思维，创建者可以决定是否向参与者发放可打印的奖品，或创建任务并通过朋友的 3D 打印机将其发送给他们。在游戏中也可以设置实时互动环节，比如曾有三个分别来自美国和以色列的学习小组共同构建了二战前的 3D 博物馆，在这种构建中，可以参观卡萨布兰卡的学校或科夫诺的市场。这一技术平台不仅适用于学生，在贝特贝尔（Beit Berl）学院的幼儿园教师项目中，参与者使用 Eureka 的技术设计“梦想花园”，用于教学发展、研究和其他目的。Eureka 利用的主要是孩子们喜欢玩游戏的心理特性，虽然创作过程略显艰难和漫长，但学生和教师都愿意为项目做出贡献，因为他们是在创造属于自己的世界。Annoto 也是一家教育初创公司，它将被动的观看视频转变为积极的协作和社交学习体验。Annoto 在视频中添加了一个交互式的对话层，允许学生在课堂上的任何时候进行讨论，并允许所有学生重温课程。这种方式增加了学习者的参与度，加强了学生之间的交流和视频学习的质量，并为教师提供有关学生理解水平的有意义的见解。Annoto 和以色列国外的大量实体企业合作，可以提供 28 种语言的支持。在全球最大的学术技术会议（Bett Show London）上获得了第一名，这是一项全国性的成就，因为这是以色列公司首次获得该奖项，也证明以色列是一个促进学习领域创新的国家。Annoto 与以色列创新局和数字以色列计划合作，构建了一个全国性的在线学习平台，该国领先的大学可以免费上传他们最好的课程，这意味着任何人都可以注册观看一门已投入数十万谢克尔（1 谢克尔约为 1.93 元）的课程，从而为生活在边缘地区的人们提供平等机会并促进全民教育。与 Annoto 一起上线的第一个校园课程使用的是希伯来语、阿拉伯语和英语，是由塔尔皮奥特学院提供的多元文化入门课程。该课程设计了很多复杂的当代问题，如身份、文化、不同群体之间的偏见和关系。来自各行各业的学生观察了各种模拟现实生活情况，并使用 Annoto 讨论和交流他们的个人观点和经验。

阿隆娜是一个在贫困中挣扎的埃塞俄比亚裔以色列单身母亲，她的年幼的儿子拒绝离开他们的公寓参加学校的暑期课程，这让她深受打击。无休止的警报声和落在附近的火箭使这个年幼的男孩受到了创伤。以色列教育创新中心以一种稳定和支持家庭生活的教育方式在许多像他们这样的人的生活中发挥了重要作用。以色列教育创新中心

海法科技馆的儿童栏目　邓伟 摄

（ICEI）成立于 2009 年，服务于以色列低收入社区表现不佳的小学。该中心与以色列教育部和市政当局合作，在 14 个城市的 27 所学校开展，为 7500 名学生提供服务。他们提供服务的学校大多数集中了埃塞俄比亚—以色列的学生，这也是政府改善埃塞俄比亚—以色列社区融合的新旅程（New Way）框架的一部分。ICEI 计划中最重要的元素之一就是为课程中的每个教室配备了自己的课堂图书馆，每个图书馆由 600~1000 本书组成，根据阅读水平展示，孩子们定期接受评估，并被鼓励在准备好之后尽快进入下一个阅读水平的学习阶段。ICEI 将教师培训实时带入课堂，设置有专门的扫盲教师和识字教师，它以一个创新的识字计划为基础，该计划非常注重提高阅读、写作和口语技能，并鼓励进行进一步的思考。

拯救与改变：医疗创新与希望并行

在以色列，生命科学已经形成了一个生态系统，大约有 1000 家以色列公司从事医疗保健或者生命科学产品，这些公司处于一个良好的生态系统中，其中有一半以上从事医疗器械生产。

重走机器人（Rewalk）是由以色列医疗设备公司阿尔戈医疗（Argo Medical Technologies）推出的。其设计者阿密特·格尔夫经历了一场事故，这场事故使得他腰部以下瘫痪，为此他花费了数年时间，想要截瘫患者减少对轮椅的依赖。在奥巴马访问以色列期间，以色列理工学院主办的会议向其展示了 Rewalk。Rewalk 是一种电动外骨骼套装，可以使下肢残疾（包括完全瘫痪）的患者独立站立、行走，在某些情况下还能爬楼梯。Rewalk 由轻便的可穿戴的支架支撑服、电动关节、可充电电池、一系列传感器和基于计算机的控制系统组成，可以佩戴在腿部、胸部和背部，与日常服装紧密贴合，同时可以使用拐杖以确保患者在地下行走时的稳定性。这种外骨骼式机器人从手表接收运动信号，并由背包电池供电。克莱尔·洛马斯是英国的活动家和前赛事骑手，2007 年，在参加诺丁汉郡的奥斯伯顿马术比赛中发生意外，导致截瘫，在其丈夫的支持下，她积极进行康复治疗，同时通过社会活动进行筹款，以寻找脊髓损伤的修复办法。2012 年，洛马斯参加了第 32 届维珍伦敦马拉松比赛，尽管该组织要求参与者在 24 小时内完成比赛，但他们允许洛马斯在丈夫的陪伴下每天步行 2 公里，她使用 Rewalk 机器人套装在 17 天内完成了马拉松。她也成为第一个使用仿生辅助设备完成马拉松比赛的人。后来，洛马斯开始使用Rewalk套装协助日常工作，并参加了 2012 年夏季奥运会的开幕式。Rewalk 自 2014 年开始供公众使用，但是 Rewalk 外骨骼的重量和体积对某些用户来说太大了，而且售价高至七万美元到八万美元，该系统价格超出了许多贫困患者的

Rewalk 设备　图片来源：Rewalk Robotics 以色列有限公司

承受能力。

ApiFix 技术填补了青少年特发性脊柱侧弯治疗中的一个空白，为特定患者提供了一种可行的支具和融合替代方案。自 2012 年以来，已有 500 多名患者接受了 ApiFix 程序的治疗，这是一种微创畸形矫正的方法。ApiFix 通过单侧后路手术植入，侵入性小，切口更小，手术时间更短，术后住院时间以天为单位，儿童在 1~2 天内出院，并且能在 1~2 周内返回学校。ApiFix 系统使用多轴关节和自调节杆，自调节杆随着时间的推移，可以进行额外的术后矫正，允许一定程度的运动，也就是适应骨骼的进一步增长，这是刚性植入物不可能实现的。在 ApiFix 投入临床之前，对其耐久度、耐磨性和运动范围进行了测试以保证其安全性。

伊塔玛医疗（Itamar Medical）是一家自主研发能够对心脏病和睡眠障碍进行检测的诊断设备的公司。该公司成立于 1997 年，以创始人吉奥拉 · 亚龙（Giora Yaron）的兄弟伊塔玛 · 亚龙（Itamar Yaron）的名字命名，Itamar 在赎罪日战争中试图营救一名受伤的士兵时被杀，后来被授予勇气勋章。该公司研发的睡眠呼吸观测（Watch PAT）系统连接到用户的食指、胸部和手腕，以记录用于识别睡眠呼吸暂停的重要测量值，它能够测量心率、血氧饱和度，以及记录打鼾和睡眠姿势等。Watch PAT 的新功能允许用户直接在连接的应用程序上记录测试中的数据，它将睡眠研究指标和患者的自我报告相结合，为医生提供一份完整的测试报告。他们的理念是希望通过 Watch PAT 技术在睡眠障碍诊断中占据主导地位，使其成为患者与医生之间主动沟通的工具。睡眠呼吸暂停是指人们在睡觉时由于呼吸异常，导致多次长时间的呼吸暂停，而睡眠呼吸暂停又与多种病症有关，如高血压、糖尿病、哮喘等。根据统计数据，全球有十几亿人受到睡

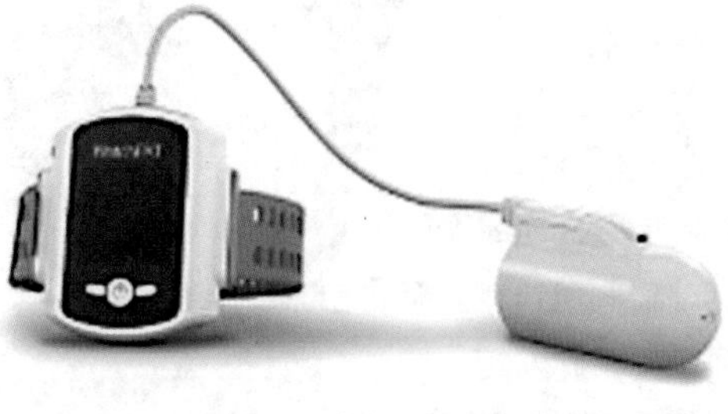

Watch PAT 设备　图片来源：伊塔玛医疗公司

眠呼吸暂停的困扰，但并未得到有效的治疗。Itamar 能够通过提供更高的家庭睡眠测试效率、呼吸暂停低通气指数之外更广泛的信息，来持续改进患者的睡眠。

特定成像（Given Imaging）是以色列的一家医疗技术公司，主要生产和销售用于可视化和检测胃肠道疾病的诊断产品。他开创的 PillCam（胶囊内窥镜）技术，能够使医生看到小肠内部。这种技术的载体是一个胶囊，里面放置有一个微型摄像机，当胶囊经过小肠时，相机会进行拍摄，并通过佩戴在腰上的数据记录器上传图片，完成整个测试需要 8~9 个小时，在使用 PillCam 之前不需要镇静，只需要根据医生和护士的叮嘱进行肠道准备，不吃固体食物，不吃（喝）带有颜色的东西，吞下后要小心数据记录器受到撞击和突然移动。那么之后胶囊怎么办呢？相信这是很多人的疑问，在通过肠道之后，胶囊会随着排便自然排出，胶囊内的相机也无需再取出，随着胶囊冲下马桶，关于小肠内部的照片已经上传到了数据记录器上。

霍萨姆·海克（Hossam Haick）是可以嗅出癌症和其他疾病的“Na-nose”（纳米人工鼻的缩写）技术的发明者。他是以色列理工学院的教授，在目睹一位患有白血病的朋友所遭受的痛苦后，他开始进行这项研究。没有人想被告知有癌症，但尽早确诊无疑是确保生存的关键。这一设备通过发现癌细胞存在时人们身体状况的微观变化来工作，Na-nose 无需等待肿瘤生长即可检测癌症，提供了一个独特的早期预警，这对于诊断难以及时发现的癌症具有重要意义。在早期的测试中，该设备也展示出了令人较为满意的结果。对最初 62 名志愿者进行呼气测试时，这些志愿者中一些患有肺癌，一些患有头颈癌，一些是健康的，该设备正确地诊断出所有患有这两种癌症的患者，也识别出了健康的志愿者。Na-nose 的秘诀在于纳米粒子的传感器，它可以检测癌症患者血液中发生的微小的分子变化，利用这些微小的分子痕迹，该设备不仅可以检测癌症，还可以区分不同类型的癌症，包括肺癌、乳腺癌、结肠癌等，但是后续需要进行广泛的测试。以色列创新局将对此项技术进行持续的资助，使这项创新成为可能。

试验杰托（Trialjectory）是 2017 年成立的一家初创公司，其首席执行官和联合创始人茨维亚·巴德（Tzvia Bader）在高科技领域有着丰富的经验，尤其是在大数据方面。在茨维亚·巴德与癌症进行斗争后，他产生了开设公司的想法。这是一家以患者为先的数字健康公司，使用人工智能为癌症患者提供个性化的治疗方案并赋予其治疗过程的自主权。通过大数据分析患者社区的真实治疗和结果数据，使所有癌症患者都能得到相应的护理。Trialjectory 被《时代》杂志评为“2020 年 100 项发明”之一。

Xvision 是奥格医疗公司（Augmedics）发明的一款戴护目镜的 AR 设备，可以为外科医生创造出实时投射“X 射线视觉”的效果，为患者脊柱解剖建立直接的 3D 可视化效果，也就是透过皮肤和组织看到患者的解剖结构，使他们能够更准确地导入器械和植入物。Xvision 由透明的近眼显示器耳机和传统导航系统的元素组成，它能够实时准确地确定手术工具的位置，并将其叠加在患者的 CT 数据上，然后使用耳机将导航数据投影到外科医生的视网膜上，使医生可以同时看患者并查看导航数据，而无需在手术过程中将视线转移到远程屏幕上。

国防与军备：纵览军事革新风云

以色列的国防战略基于三个基本支柱：威慑（包括核威慑）、预警（战略和技术）以及快速军事决策，因此任何技术创新都必须以某种方式满足或有助于这些基本要求。对以色列国防军来说，追求先进的技术已经成为一种理想。自 2000 年以来，以色列的军事行动概念一直围绕着信息技术驱动的思想展开。以色列的军火工业主要集中在三家公司——国有的以色列航空航天工业（IAI）和拉斐尔先进的国防系统公司，以及私人的埃尔比特系统有限公司（开始转变为一个专业的制造业）。这一策略允许它专注于一些具有特定核心能力的领域，特别是在涉及长期进化产品开发方面。如今，以色列的国防工业基地主要以出口为导向，外国武器销售对其生存至关重要。平均而言，以色列大约四分之三的国防生产（按价值）是针对海外客户的。以色列国防军是以色列国防工业的“1 号客户”。本土军火工业的主要职能是向以色列国防军提供其执行职能所需的关键产品。与此同时，以色列的武器出口旨在产生收入，进而支持研发，以进一步帮助以色列国防军的现代化。

在过去三十年左右的时间里，以色列的武器工业已经从一个主要面向国家的部门转变为一个向其国防部队提供关键国防物资、出口武器以维持生存的部门。海外武器销售不仅对维持当地国防企业的业务至关重要，而且武器出口的收入反过来提供必要的资金，以支持军事研发项目，帮助以色列自己的国防，如铁穹顶短程导弹防御系统。同时，以色列商业高科技部门的爆炸性增长，进一步促进了高科技导向型国防业务的发展和扩张。如今，以色列拥有世界上较为先进的科学和技术 (S & T) 部门，它拥有几家信息技术、计算机工程、网络、航空航天和空间、可再生能源、生物技术和制药领域的高科技公司。以色列将其国内生产总值的 4% 用于民用研发，虽然这一比例听起来不高，但与世界各国相比，以色列这一支出并不算低。它还接受了 IBM 和英特尔等高科技公司大量的外国直接投资（2011 年，英特尔宣布投资 27 亿美元在其以色列工厂开发下一代计算机芯片）。以色列通过努力推动中等教育和国立大学科技教育与研究，使以色列人成为世界上精通技术的人口之一。

安全出口增加使以色列成为世界上较大的武器出口国之一，且安全工业已使以色列变成一个技术和经济大国，许多国家有兴趣或愿意利用它的能力。以色列安全行业在国际市场上的竞争优势是它和以色列国防军的密切关系，因为该行业依赖安全单位来推进研究、开发和实施过程，从而促进销售。“双重供给要素”，主要是指以色列国防军和安全产业之间的人力资源转移，在一定程度上是强制性兵役模式和以色列军事储备服务的结果，这影响了知识的转移，也加强了以色列的科学技术力量。以色列的创新生态系统由安全机构、学术界和工业界组成，并合作运行，分享思想和人力资本。例如，以色列的学术界对人工智能进行研究，为不同的人工智能系统的建立奠定了基础。领先的行业和科技公司建立了研究中心，与数以千计的创新型初创公司合作。工业部门的人工智能领域也有了显著的增长。2018 年是以色

航展上的以色列无人机　LLHZ2805 供图

巴黎航展的以色列无人机　Tangopaso 供图

列人工智能公司融资的转折点，筹集了约 22.5 亿美元，这证明了该市场的快速增长。以色列的学术界和工业界共享一种“命运伙伴关系”，这有助于动员他们为以色列的安全共同努力。科技公司与以色列政府或安全中心之间的短距离也有助于加强合作，这与美国的情况有很大的不同，例如，华盛顿特区和技术开发中心——硅谷之间的地理距离和时间差异相当大。

在人工智能领域，以色列似乎没有任何特殊的优势，但前文提到的以色列创新生态系统的优势为大数据、硬件等其他领域提供了相对的技术优势，并为以色列提升了在国际领域中的力量和影响力。无人机的生产和出口，以及以色列在该领域丰富的操作经验就说明了这一点。早在 20 世纪 60 年代和 70 年代，以色列就使用无人机进行摄影，并在 80 年代开始使用无人机进行军事欺骗和收集信息。在 21 世纪初，无人机的主要用途是在不对称冲突中进行军事情报收集，第二次黎巴嫩战争（2006 年）是一个转折点。这是历史上第一次无人机的飞行时间比战斗机的飞行时间更长的战争，在整个战斗过程中，无人机在战斗区域内不断徘徊。这个转折点表明了以色列早在 2006 年就拥有该领域的能力和经验。从那以后，以色列继续在这一领域进行投资，近年来，它与印度和德国等国达成了大量协议。从 2005 年到 2013 年，以色列是世界上无人机市场的主要出口国，出口市场份额约为 46.2 亿美元。

以色列军方对以色列高科技产业的持续成功发挥了关键作用。以色列军方为其提供了一个协作的公共空间，在那里可以收集、处理和传播以色列软件创新系统的信息。军队在年轻人之间建立了强大的社交网络，这些社交网络后来成了他们共同初创企业的基础。以色列国防军中的青年们，18 岁离开家，进入军队，走出他们的舒适区，建立勇气，培养面对未知的能力。这些技能对于发展初创企业至关重要。一些军事技术单位从以色列高中招募最优秀的学生，并为这些年轻的士兵们提供研讨会经验，并带领他们接触军队内部的开发技术，作为回报，这些士兵同意服役 5 年。那些从事精英军事技术单位的人在服役期满后，大多进入 IT 行业工作，因为他们服役期间接受了大量这方面的专业训练。在以色列，军方对其知识产权的保护程度比商业公司要低。由于训练有素的工程师和技术从军队自由流动到民用市场，军事系统的内容也开始广泛地应用于民用商业，从软件到硬件，从网络安全到无人机，从导航到成像。军事声誉越好，该技术产生的影响可能就越大。

以色列位于局势复杂的中东地区，频繁的军事行动和战争使以色列不得不重视军事，因此军事力量也是以色列重点发展的领域之一。以色列国防军常备部队的规模不大，主要通过训练和提高技术保持其战斗力，为此，它有着严格的分类过程，会把应征入伍的人安置在最需要他们的部门。比如，以色列国防军中有一个情报部门，该情报部门每年都会通过标准化考试、心理测试和内部推荐系统对新兵进行筛选，这是一个非常严苛的过程，一旦有新兵到该部门报道，就会接受强化训练，并把难以解决的问题交给他们，以测试他们的潜力。新兵第一天就要学习如何承担真正的责任，在这里，新兵做的事情可能是其他任何地方都做不到的了不起的事情，而这些事情可能对国家和人民产生巨大的影响。

以色列有一个塔尔皮奥特（Talpiot）计划，即在科学、技术、工程及数学（STEM）方面得分最高的学生可以申请该计划以继续进行深

以色列士兵 Timo Studler 供图

造。该选拔竞争非常激烈，每年只有 30~60 名申请者能够通过申请，在选拔过程中，除了考察申请者对这四方面的掌握情况，还会参考他们的领导才能以及团队合作的能力。通过选拔后，学员们一方面可以在希伯来大学上课，学习数学、物理和工科课程；另一方面，他们在来自以色列国防军各个分支的军事单位进行引导训练。因此这里的毕业生不仅会进行专项的论文项目，针对训练期间的军事需求提出解决方案，而且还要进行实战操作，学习如何操纵坦克，并在空军部队的模拟器中接受培训。该计划的学生在担任军官后服役六年或者更长时间，很多人在此获得了硕士和博士学位，这是受过专业技术训练的精英部队，他们可以充当以色列作战军事和国防技术之间的黏合剂。这里的毕业生在服役期满后，如果选择继续留在军中，一般会得到晋升，也有毕业生转向私营部门的招聘，这往往被当作以色列科技行业 CEO 的温床。在提及以色列的创新时，很难绕开以色列国防军，以上就解释了为何如此多的创新发生于此。

以色列独有的是，美国对以色列的军事援助可以应用于本土研发项目，事实上，梅尔卡瓦主战坦克和拉维战斗机等项目主要由美国对外军事融资（Foreign Military Financing）资助。此外，以色列从与美国的直接军事技术合作中获益良多，联合开发项目包括箭头反弹道导弹和战术高能激光器(THEL)。以色列政府越来越重视军民一体化，利用该国的高科技技术突破用于军事目的。以色列的国防工业对国家创新体系有着特别的影响力，它是国家军事创新的中心，负责向以色列国防军提供大部分武器以支持军事系统。当地国防工业基地的一部分是国有的，即使是以色列私营国防公司，也被视为以色列供应商网络不可分割的一部分。

铁穹（Iron Dome）是一种移动式的全天候防空系统，旨在拦截和摧毁 4~70 km 内发射的短程火箭和炮弹，自 2011 年起，铁穹防空系统投入使用，部署在贝尔谢巴附近。根据以色列的官方声明，到 2014 年，铁穹系统已经拦截了 1200 多枚火箭。早在 2007 年，国防部长阿米尔 · 佩雷茨（Amir Peretz）就选择铁穹作为以色列防御短程火箭的工具，从那时起，这个耗资 2.1 亿美元的系统由拉斐尔高级防御系统

铁穹系统　图片来源：以色列国防军发言人

（Rafael Advanced Defense Systems）和以色列国防军合作开发。铁穹系统有三个核心组件：探测和跟踪雷达、战斗管理和武器控制、导弹发射单元。铁穹首先检测火箭的发射并跟踪其轨迹，控制中心根据上报的数据计算撞击点，利用该信息判断目标是否对指定区域构成威胁，只有在确定有威胁之后，才会发射拦截导弹，在来袭火箭到达预计撞击区域之前将其摧毁。铁穹以分散布局的模式，通过无线连接进行部署和远程操作。随着铁穹的不断发展，以色列国防局将铁穹视为更具成本效益的拦截无人驾驶飞行器的防空系统。

梅卡瓦（Merkava）是以色列国防军使用的主战坦克，自 1979 年正式用于战争，至今已经开发到了四代。在新一代中，梅卡瓦配备了人工智能、升级传感器和虚拟现实等先进的功能，名为“Iron View（埃尔比特）”的新型头盔可以让士兵看到作战坦克的外部，而坦克上的

梅卡瓦坦克　Zachi Evenor 供图

配备 trophy 保护系统的梅卡瓦坦克　图片来源：以色列国防军发言人

智能任务计算机将管理其活动，该坦克能够在移动中向移动目标开火。除此之外，梅卡瓦四代还配备了“Rafael Trophy”主动保护系统，一旦 Trophy 检测到威胁，就会对其进行跟踪和分类，并在启动对策之前计算最佳拦截点。坦克的主要生产部分、主体的建造和所有系统的集成都是在以色列国防军车间进行的。F-16I 别名“Sufa”，在希伯来语中是“风暴”的意思，这是 F-16 的重新设计和修改版本，主要是为了适应以色列空军。Sufa 具有全天候进行攻击的能力，内部还安装有前视红外查看器，包含侧油箱，可以增加机翼下的武器能力。

科技走进生活：触手可及的创新

阿姆基里（Amkiri）是一家创立于 2014 年专做美容方面的初创公司，其研发的产品包括化妆品、香水、人体艺术和纹身等。在 2018 年特拉维夫“The PITCH”创业大赛中，Amkiri 击败了其他七个竞争对手，获得了第一名。沙维特 · 夏普罗（Shavit Shapiro）是该公司的创始人，其母亲是一名化学家。他们发明了与产品配套的涂在皮肤上的液体墨水，将气味转化为物理形式，配套工具包括刷子棒、手绘棒等，既可以使用该品牌的模板产品在几秒钟内刷上复杂的玫瑰，也可以使用 DIY 棒自己画，画完看上去像是临时的纹身。液体墨水具有独特的香味，而且能够自然地适应皮肤的弹性和运动，让用户在视觉上能够体会到美感，产品的香味可以持续 12 个小时，而且用肥皂水可以轻松地擦掉。这款产品通过临时纹身与香水的结合为日常生活带来了更大的创造力和多感官的自我表达，当把产品和个人表达权利联系在一起的时候，产品就成功了一半，毫无疑问，这一发明得到了很多人的追捧。

发现之旅（Voyage81）是以色列的一家初创公司，最突出的技术是通过人工智能的深度计算成像技术。该公司被全球美容品牌 IL Makiage 收购。IL Makiage 希望通过使用 Voyage81 的技术继续推动美容和健康领域的数字革命。对于 IL Makiage 来说，他们在 2018 年开始尝试数字化，并在 2019 年推出了新的算法，该算法无需看到消费者的脸，就可为消费者提供与他们匹配的粉底液，随着这家化妆品公司对数字算法的不断追求，他们认为，Voyage81的技术对美容和健康行业的影响是无穷无尽的。

Voyage81的首席执行官是以色列国防军精锐部门81部队的前研发主管，其他的联合创始人也都是以色列一些知名的高科技连续创业者。阿拉德（Arad）在本－古里安大学硕士毕业后，通过本－古里安大学的技术公司与Voyage81建立了联系，Voyage81的技术正是基于Arad的博士研究开发的，他在研究RGB数据的光谱信息与专业相机结果之间的差异的过程中有了惊奇的发现。最初Voyage81专注于汽车行业，特别是使用计算机视觉来识别道路上的碎片，他们在实施技术以识别道路上物体的各种形状、大小、纹理等方面相当成功，甚至在工作中进行了一些交易和合作，但是新冠肺炎疫情的爆发改变了公司的发展方向。Voyage81随后开发了专注于皮肤健康的项目，他们一直在寻找可以在美容和健康领域发挥作用的计算成像解决方案，以进一步提升现有的人工智能能力。Voyage81的软件能够绘制和分析皮肤和头发特征，检测面部的血液流动，并能从简单的智能手机照片中创建黑色素和血红蛋白图，这一技术与Il Makiage的人工智能算法相结合，将利用用户的个人智能手机摄像头为这家公司及其数字美容和健康品牌的用户提供在线匹配功能。这个过程主要使用材料传感技术，也就是以与人脸或者指纹识别人相同的方式识别材料或材料成分的过程，并从图像中查看诸如血液氧化之类的东西，也可以跟踪不同的皮肤，甚至通过头发的特性也可以了解皮肤的健康状况。这对很多公司来说非常具有吸引力，因为在这之前，检测皮肤只能通过实验室中昂贵的设备来完成。

通过体育进行创新和适应也植根于以色列的经验之中。在犹太复国主义运动和以色列国的发展背景下，体育活动通过“肌肉犹太教”的概念发挥了创新作用。这个词最早是在1898年第二次犹太复国主义代表大会上由马克思·诺尔道创造的，这反映出犹太人在寻求改变自己的形象，从生活在隔离社区中学习《托拉》的犹太人，到积极主动寻求建立并捍卫未来犹太家园的犹太人。学习和创新文化，加上不断适应历史需要和蓬勃发展的高科技产业，造就了各种各样的与以色列体育相关的初创公司，这些公司所提供的技术也被世界各地的体育组织所采用。尽管以色列在奥运会上并没有取得多大的成功，但很多以色列的初创公司都通过体育科技发了财，比如一些俱乐部的老板——来自耶路撒冷的摩西·霍格（Moshe Hogeg）、奥运游泳运动员加尔·尼沃等退休运动员、慈善家西尔万·亚当斯共同创立了以色列自行车学院和参加 2020 年环法自行车赛的车队。体育科技产业与以色列的地缘政治形势息息相关，作为一个拥有蓬勃发展的高科技产业的小国，以色列为体育科技初创企业提供了温室。公共外交、民间外交和企业外交给以色列的体育科技外交提供了一个渠道，使以色列政府、以色列工业和以色列人民可以团结起来，创造外国观众需要的东西，无论以色列的两极分化形象如何，以色列在体育科技方面的创新确实值得人们注意。

塞西莉亚（Cecilia.ai）是一个智能的交互式机器人调酒师，适合各种场合和地点，比如酒店、游轮、休息室等场所，用美味的自动鸡

以色列的啤酒

尾酒来扩展菜单。Cecilia.ai 是一种交互对话式人工智能，具有语音识别与通信功能，有着精确的鸡尾酒配方，采用无接触式的模式，给人们一种个性化的酒吧体验。在对话式 AI 和语音识别能力的支持下，Cecilia.ai 还能够与客户聊天、讲笑话，以及引导他们浏览菜单，为顾客提供了难忘的体验。这种机器人的调酒装置易于安装和定制，占地面积小，并且可以全天候运行，它能够给游客们带来欢乐时光。

会说话的面包（Talking Bread）是以色列一家食品科技初创公司，可以在烘焙和预烘焙的产品上进行印记，该技术使用受控热量将内容印在面包和糕点上，如将徽标或绘画添加到面包、汉堡和其他类型的产品上。通过这种方式，日常的面包和糕点也可以传递信息，成为一种传播媒体，为传统的烘焙食品市场注入创新和乐趣。作为一家初创公司，吉拉德·科恩在创立之时，就希望通过创建品牌与消费者之间的全新沟通媒介来改变消费者对烘焙食品的看法，该项技术还得到了以色列创新局的认可和支持。

四

拥抱新世界：创新技术如影随形

舆论与形象：公共外交新气象

增加以色列对发展中国家的援助可以大大提高其在世界上的声望，尤其是在受益国。以色列已经建立了初创国家的形象，受到“修复世界”犹太价值观的影响，以色列认为自身担负着全球的责任，这促进了以色列的品牌推广。以色列这种外援和技术创新的结合所发挥的作用被其他国家低估了，但以色列外交部正在改变这一现象。

以色列正在将其初创国家的形象作为一种外交的工具，将“技术对话”注入其具有数百年历史的对外关系艺术中。外交部创新、创业和技术主任安迪·戴维领导的部门，专门为以色列外交官提供培训，以便他们在进行外交活动时能够通过谈论技术和创新，表现出以色列国自身所具有的吸引力，从而促进国家利益的最大化。随着“初创国家”和“创新国度”概念的广泛流传，越来越多的人想到以色列游玩。以色列正在利用这种现象促进他们的外交和经济利益。很多国家也意识到，如果不创新，就会落后，印度、希腊和塞浦路斯等都积极与以色列进行合作，这也加深了他们与以色列之间的“亲密关系”，因为以色列用自己的技术帮助他们解决问题。随着跨国公司抢购以色列的技术并在以色列设立研发中心，来自世界各地的代表团纷纷前来参观，以期探寻以色列科技生态系统的秘密、挖掘新兴技术。以色列的成功使他们的外交视野正在迅速扩展。捷克共和国的女性来到以色列寻求商业合作，时光倒退几年，这种情况是闻所未闻的，这些女性可能会去德国、法国，并非以色列，但如今以色列凭借自己的科技形象正在改变这一点。

曾担任以色列驻联合国代表的润·普罗索尔（Ron Prosor）说："要想跳出框思考，首先要知道框里有什么，主要就是知道里面有什么，而这一步是最艰苦的工作。"他说，正是因为这个原因，阿巴埃班研究所推出了沉浸创新（InnoDip）奖，该奖是以色列第一个庆祝外交创新的奖项。曾有三个创新组织获得过该奖项，分别是以色列医疗保健公司(HealthCare Israel)、创新：非洲（Innovation:Africa)和提昆欧拉姆(Tikkun Olam Makers)。他们之所以获得这项荣誉，是因为他们在各自的领域做出了令人瞩目的成就。以色列医疗保健公司为世界提供了挽救生命和节省成本的医疗创新；创新：非洲将以色列的太阳能、水和农业技术带到非洲农村村庄；欧拉姆则在全球发起社区运动，应对残疾人、老年人和贫困人口带来的挑战。普罗索尔认为，外交不再是闭门造车的国际交易，阿巴埃班国际外交研究所将专注于创新外交，挑战将会越来越大，也越来越复杂，外交必须创新，而现在就是最好的时机。创新外交包括开放性思维、技术应用和创新分布，InnoDip奖旨在重塑外交工作中的创新概念，重点关注五个领域的创新举措：公共部门、私营部门、文明社会、媒体和学院，但也不限于这几个领域。阿巴埃班国际外交研究所是一个积极主动的研究机构，旨在为以色列建立一个创新、有效和积极的外交基础设施，以加强其在全球舞台上的地位。阿巴埃班国际外交研究所致力于革新以色列的外交政策，同时加强犹太国家的国际形象。

合作共赢：创新连接东西

2017年3月，以色列前总理内塔尼亚胡在数名以色列商人的陪同下来北京访问，旨在深化经济联系，同时关注中国对创新和技术日益

中以常州创新园　马丹静 摄

增长的兴趣。在这次访问期间，双方在医疗设备和高科技等多个领域签署了数十项价值数十亿美元的协议，并就加快引入自由贸易区、向以色列引进2万名中国建筑工人的必要性达成了协议。在2017年中以两国建立创新全面伙伴关系之后，中以双方在创新领域的合作关系更进一步。中国已经成为以色列的第二大贸易伙伴，为了实现双方贸易的多元化，以色列需要在中国寻找更多潜在的合作伙伴，推动更多以色列中小企业进入中国市场。中以双方通过举办活动和建立创新示范园区推动双方的深入合作，如举办的一些创新创业大赛、座谈交流会，以及一些创业园区的建立（如中以汕头科技创新合作区和中以常州创新园等）。

中以常州创新园　马丹静　摄

中以常州创新园是国内首个由中以两国政府签约共建的创新示范园区，园区成立于2015年1月，其实中以常州创新园的发展可追溯到10年前。2008年，江苏省与以色列签署《关于民营企业产业研究和开发的合作协议》，常州市非常敏锐地捕捉到这一信息并把握机会，率先与以色列相关机构布局开展技术产业的科技合作，明确打造以色列专题园区。在建立之后，该园区的目标定位非常清晰，那就是将其打造成国家经济转型升级时期的以科技创新为驱动的国际合作典范。园区内相关的团队每年会去以色列四五次，学习以色列创新创业的模式和经验。2011—2013年，园区受到了国家发改委和国家科技部的肯定。直到中以双方“三年行动计划”的签订，园区正式成为中以双方政府签约共建的创新合作示范区。

2016 年 3 月，常州市政府、园区管委会与以色列经济部产业研发中心共同发布《中以常州创新园共建计划》，为以色列企业项目落户提供投资指南，随后还成立了联合办公室，进行正式运营。中以常州创新园以“资本 + 科技”的模式，推动创新和科技的发展。中以常州创新园在揭牌一年半以后，就已经聚集了 41 家以色列高科技企业，如乐康瑞德、滕氏医药等，涵盖健康医疗（纳塔力 Natali、MediTouch）、电子信息、新材料（Emfcy、哈尼塔 Hanita）及科技服务等诸多领域。园区尝试了不同的发展模式，特别注重以色列模式与中国市场相适应，动员本地企业参与到以色列企业技术孵化中去。园区还建设了一个以色列中心，该中心对以色列的人文地理、创新理念和高科技产业等进行集中展示，大大缩短了国际高端技术与本地市场的距离。

“三年行动计划”的签订极大地推动了中以常州创新园由一个独立的产业园区变成中以双方的创新示范园区。中以常州创新园是一个一体多平台的园区：产业服务平台，这是园区为企业打造的可协助办理各类手续、员工签证办理、专利申报等一站式服务平台；技术转移平台，园区成立了国际技术转移服务中心，由专门的团队负责为江苏乃至全国的企业提供技术对接服务，这一技术转移服务中心获得了国家科技部的授牌；企业孵化平台，园区先后成立了中以创新加速器、中以国际医疗孵化园等多个企业孵化平台，前者主要专注医疗器械和新材料领域的技术成果，后者主要为中以医疗健康方面的合作项目提供相关的配套措施；金融资本平台，园区设立了中以创新发展基金等多支国际化基金，以资本投资代替资金补贴。园区在招进项目的过程中，有计划地通过以色列企业的入驻申请，并为它们提供非常完善的后勤管理服务。在技术研发领域，知识产权的保护非常重要。园区还成立了知识产权服务中心，集申请、交易、维权于一身，采用行政和司法双重保护，实现了“商标、专利、版权”的三合一保护。除此之外，园区还成立了中以投资创新发展联盟，鼓励资本投向科技。在园区的

特拉维夫的中以常州创新园招聘会　李永强 摄

大力支持和发展之下，园区的企业集群已经初具规模。加入园区的以色列公司能获得以色列独特的赠款和财政奖励、设施援助（制造空间、实验室、车间）、知识产权的保护援助、设备补贴、许可证和执照协助、物流管理等其他服务。以色列的公司向以色列创新局提交申请计划，以色列创新局进行评估后批准，并在预先商定的条件框架内与常州创新园的管理层进行谈判。园区项目在招引时，并不局限于中以双方，也有很多跨国集团并购或股权投资。自中以常州创新园建立以来，有多个以色列考察团前来参观，以色列创新项目也会在常州举办路演和技术对接活动，为中以双方提供了很多创投机会。

中以汕头科技创新合作区项目于 2015 年启动，汕头市政府与以色列第三大城市海法正式缔结友好城市关系，同时启动广东以色列理工学院的建设，到 2017 年进行正式招生。中以双方以广东以色列理

广东以色列理工学院　矫淙旭 摄

工学院、汕头大学为核心，规划建设中以汕头科技创新合作区。在汕头进行规划设计时，将各功能区融自然山水于一体，高教科研孵化区主要依托汕头大学和广东以色列理工学院，构建“创业苗圃—孵化器—加速器—产业园”全产业链的孵化载体，是国际化高层次人才聚集的智慧高地，也是创新型人才的培养摇篮。创新产业拓展区主要负责对接以色列的优秀创新科技成果，实现科技产业化，形成具有核心竞争力的智慧经济集群。以色列村服务于广东以色列理工学院和中以科技创新合作区的以色列专家学者以及相关的科技人才，村中配套有符合以色列风俗的生活、教育、医疗及文化交流设施。除了这三个园区之外，中以汕头科技创新合作区还有现代工业园区、高端服务配套区、桑浦山人文生态景观区和牛田洋湿地保护区，使得山城田海河浑然一体。

以色列创新局和新加坡经济发展局共同创办了新加坡以色列工业研发基金会，旨在促进新加坡公司与以色列公司之间的工业联合研发，并为中小企业提供资助。他们合作研发了博斯科（Bosco），这是一款基于人工智能的应用程序，能够预测和防止对儿童的威胁。随着互联网信息技术的不断发展，网络成为人们不可或缺的一部分，越来越多的少年儿童通过移动设备直接接触网络，面对网络上纷繁复杂的信息和网络的虚拟性，网络暴力和网络欺凌不断滋生，心智尚未完全成熟的少年儿童更容易受到影响，也更容易成为被欺凌的对象，选择告诉父母的孩子们只占很少一部分。网络霸凌给少年儿童带来的精神上的伤害是不可磨灭的，因此，如何应对网络霸凌是各个国家共同面对的挑战。一方面，孩子们每天都在创造大量的数据，很难从复杂的数据中找到信号；另一方面，孩子们也是独立的个体，他们有自己的隐私，如果设置侵入性的工具或霸道的控制应用程序，会损害父母与孩子之间的信任，影响双方的关系。Bosco 通过创新解决方案帮助父母在线保护孩子，主要通过分析模型了解文化和个人环境是如何影响少儿的社交活动的，从儿童的移动、位置和社交网络收集数据，为每个少儿建立独特的行为档案。其算法通过分析少儿的行为模式并检测任何偏差、威胁或可疑事件，在霸凌发生之前预测对儿童的威胁。存在潜在威胁的情况下，Bosco 会实时向父母发送通知，告诉他们孩子可能需要他们的关注和保护。相比一些软件直接限制儿童的在线活动，Bosco 的方案更适合用于防止网络霸凌。Bosco 可供家长在安卓和苹果设备上使用，功能有位置追踪、冒犯性信息警报（在孩子的文本对话中收到具有攻击性语言时，Bosco 会将此视为网络暴力、骚扰的潜在威胁，并发出警报）、不适当内容提醒（如一些较为露骨的内容）、时间检测（跟踪孩子的屏幕使用时间，对新的或者有风险的应用程序进行提醒）、在偏僻的地方可以远程取消孩子手机的静音等。由此可见，Bosco 为父母提供的是有关孩子活动的见解，而不是数据本身，也就是说 Bosco 在不损害孩子隐私的情况下为父母提供确保孩子安全的解决方案。自 2016 年 12 月以来，以色列创新局一直通过新加坡以色列工业研发基金会捐款计划支持创新儿童安全和亲子交流应用程序的开发，为 Bosco 提供了技术支持和平台。

一衣带水：互相吸引，互相成就

用三个词来形容欧洲对以色列感兴趣的地方，那就是技术、人才、专业知识。欧盟和以色列公司的欧洲客户首先寻找的是以色列的创新技术，一些欧洲公司会在以色列学习如何与创业生态系统互动、发展外向型的企业。目前以色列有 900 多家公司在整个欧洲的 28 个国家和地区开展业务，其中活跃在英国的公司最多，其次是德国和法国。

以色列在欧洲某个地点建立一个实体或者开展一项业务，基本就可以进入欧盟体系内的其他市场。2019 年，欧洲创新与技术研究所（EIT）在特拉维夫开设了一个新的办事处，该办事处是欧盟和以色列两个技术生态系统之间的桥梁。特拉维夫中心是继硅谷和北京之后的全球第三个创新研究中心，通过交流专业知识、合作和同行学习来更好地支持欧盟和以色列这两个生态系统，特别是在商业支持和创业培训领域，项目包括专注于初创企业发展培训的“Connect and Experience（连接与体验）”和“Disrupt Me（颠覆）”，将欧盟和以色列的公司聚集在深度配对过程中。

以色列在欧盟的经济关系中占有重要地位，以色列和欧洲之间也进行了多个项目的创新合作。2021 年 4 月，欧盟驻以色列代表团庆祝了欧盟—以色列研究和创新合作 25 周年，主办了一场由欧洲大使、以色列官员以及研究和创新利益相关者参加的活动。对于以色列来说，与亚洲市场相比，欧洲在地理位置上更近，同时欧盟也提供了大量的赠款。例如，地平线欧洲（Horizon Europe）是欧洲研究与创新框架计划，其中欧洲创新委员会将获得超过 100 亿欧元的预算，为中小企业、初创企业和中型企业的新兴和突破性创新提供支持，作为欧洲创新与技术研究所的补充，该计划通过与区域和国家创新参与者建立联系来完善创新生态系统。据统计，在地平线 2020 的框架内，约有 1600 个以色列项目获得了总计 13.6 亿欧元的资金。欧盟的 G2P-SOL 项目是农民和育种者使用最适宜当地环境条件播种的可持续种植作物，帮助减轻气候变化对茄科植物的负面影响。来自希伯来大学、以色列农业研究组织火山中心等的研究人员，建立了一个公共数据库，对来自不同基因库的植物遗传数据进行编目，能够帮助农民识别适合其地形的种子，这种数据驱动的方法使全球粮食生产多样化，促进可持续性，并在不断变化的气候中确保全球的粮食供应。

奥普莫夫（Optimove）是一家提供客户管理解决方案的以色列公司，主要是在人工智能方面有所创新，就是这样一家公司，在伦敦设有办事处，其大约50%的收入来自欧洲客户。以色列在欧洲运营的科技公司分属于不同的子行业，最大的细分市场是IT和软件公司，互联网公司占20%，清洁技术和通信各占约10%。

创新非洲：爱心与责任的交织

以色列在过去几年重新关注非洲，不仅将其作为外交舞台和安全合作领域，而且将其作为日益重要的市场，尤其是高科技。以色列前总理本雅明·内塔尼亚胡曾参加在利比里亚举办的西非经济共同体峰会，希望通过改善与非洲的关系来支持以色列在联合国等国际论坛上的外交地位，这一努力得到了经济驱动的支持，并与之相辅相成。在利比里亚，以色列太阳能发电公司全球能源（Energiya Global）宣布投资2000万美元建设一个新的太阳能发电厂来供电。

一名45岁的埃塞俄比亚的农民阿贝奇依靠她约30亩的农场养活她和她的六口之家，不幸的是，农场的土壤条件恶劣，且销售市场艰难，这无疑加深了她的困难。以色列的Tikkun Olam Ventures（TOV）计划利用以色列农业技术和犹太慈善贷款来改善非洲农民的生活，通过创新的慈善贷款基金帮助这些弱势农民摆脱贫困，该基金为这些农民提供价格合理的贷款、以色列农业技术和培训以及进入新市场的机会。为了提高生产力，农民可以获得创新农业技术，包括滴灌和施肥系统，以及帮助种植西红柿、洋葱和辣椒的杂交种子。第一个注册TOV的农民穆丁说："我看到所有的番茄田都被病毒严重污染，在我的田里尽管存在这个问题，但我通过这些新方法，成功地生产出可销售的西红柿，我相信这项技术将改变整个社区。"阿贝奇和穆丁一样，加入TOV是为了改善家人的生活，如今，他们不仅看到了自己农场的变化，而且还积极成为农业合作社的成员，来帮助其他成员。加入TOV计划的人数越来越多，已初步形成了培训中心和青年集体。在整个试点过程中，TOV不断改进计划以满足农民需求，在计划的某些方面需要调整及纠正路线，并增加新的合作伙伴和举措以促进农民的成功。作为正在转型的一部分，TOV与公平星球（Fair Planet）建立了合作伙伴关系，为农民制订了一项持续的培训计划，并与当地专家合作实施TOV的技术和耕作方法。从那时起，TOV的以色列专家就滴灌系统的使用、系统的安装和维护、害虫的防治和疾病管理举办了六次培训课程。TOV的创新之旅把精心挑选的五家以色列公司带到埃塞俄比亚，参观TOV在该领域的活动，会见农民并了解当地的需求，目标是让参与者有机会近距离地了解小农生态系统，并激励他们调整产品以适应发展中国家的小农。

创新非洲组织创立于2008年，它们为学校和医疗中心提供太阳能，并为非洲各地的村庄泵送清洁水。这个组织在十多年间已经影响了非洲超过150万人的生命，为他们提供疫苗、水和光亮。以色列非营利性组织创新非洲，在乌干达、坦桑尼亚、赞比亚、喀麦隆和南非的偏远村庄安装以色列太阳能和水技术，以加大预防大规模感染新冠肺炎的力度。在某些偏远的地方，他们没有相应的医疗设备，甚至在夜间没有灯光，因此，创新非洲在有很多村庄的地区开展业务，在过去的十年中，创新非洲为300个村庄和10个国家约170万人提供了光、清洁水、滴灌技术、教育和孕产妇保健等。创新非洲为非洲提供太阳能抽水系统，仅一个抽水系统就可以为多达一万人提供干净的水。创新并不会随着这些改变生活的系统的安装而结束，工程师还开发了远程监控系统，实时广播太阳能泵的运行情况和村庄的用水量，使团队能够及时发现任何潜在问题。在罗斯柴尔德凯撒利亚基金会的支持下，创新非洲正在从特拉维夫大学和以色列理工学院挑选10名工程师，以帮助他们的工程部门开发新的能源箱。

马拉维曼戈奇区的比纳利村有2250人居住。比纳利村离最近的水源有1.5公里，社区居民每天要来回走几个小时的路，从被污染的手工井中取水，而且妇女们至少要排1个小时才能从井里取水。脏水的饮用导致该社区出现了许多疾病，如伤寒、霍乱和腹泻等。值得庆幸的是，在2020年6月，创新非洲在比纳利村安装了一个太阳能抽水系统，这使该社区第一次获得了清洁和安全的饮用水。随着水龙头遍布整个村庄，水被用于饮用、洗澡、烹饪、清洁和农业活动，大大改善了社区的生活。如今，妇女们可以放心地让她们的孩子和家人饮用清洁的水，生活变得更健康。阿吉达村有1860人，从该社区有记忆以来，他们一直在努力寻找一个稳定的水源。由于季节的变化，妇女和儿童需要在三个不同的露天水井之间移动取水。在旱季，其中两口位于附近的水井干涸了，妇女和儿童不得不步行到第三口井，这口井位于山顶上。在山顶上取水的路程需要很久，这是一次极具挑战性的“旅行”，因为妇女们要背着装满水的40升罐子爬山。2020年9月，创新非洲在阿吉达村安装了一个太阳能抽水系统，确保了该社区现在一年四季都能获得清洁和安全的饮用水。

五

迎接新挑战：新冠疫情下的以色列创新

封锁与开放：困境中的选择

新冠疫情的爆发，对全世界的经济都产生了波动，以色列也不例外。除去全球经济增长放缓的次要影响，以色列的旅游业和运输业受疫情冲击严重，以色列经济体量不大，但是高度依赖国际市场。针对疫情带来的影响，以色列中央银行自2009年以来首次购买政府债券，以平抑市场波动并增加流动性。在利率已经略高于历史最低水平的情况下，以色列央行在政府银行宣布部分业务关闭（包括所有非必要业务）后，正在推出刺激措施，这种措施在很多专业人员看来比降低利率更明智。以色列中央银行在努力防止经济和市场于新冠病毒爆发时崩溃方面发挥了主导作用，政策制定者承诺在二级市场购买500亿谢克尔（合约136亿美元）的政府债券，以缓解信贷状况并支持市场活动。这也是自2009年以来以色列中央银行首次明确重启量化宽松计划的规模。以色列商界表示，疫情后以色列与中国的经贸合作将进一步加强。根据中国海关统计数据显示，在2020年的前4个月中，中以双边贸易额同比上升18%，达48.7亿美元。

在整个COVID-19（新型冠状病毒肺炎）大流行期间，以色列这个国家在新闻中频繁出现，首先是作为世界上受疫情打击较为严重的国家之一，而现在则是作为世界上接种疫苗较多的国家之一。在以色列出现首例病例之后，感染人数不断增加，面对新冠病毒的蔓延，以色列内阁举行会议，同意接受以色列卫生部的请求，允许以色列国家安全总局辛贝特追踪新冠肺炎患者的智能手机，以便找出他们确诊前曾经活动过的地方，并向患者们发送手机短信，告知隔离命令。安全局追踪患者手机的权限的有效时间为30天，当有效期结束后，须删除患者的信息。这项技术曾经被用来打击恐怖主义，由于涉及侵犯个人隐私的问题，在发布后引发了争议。国家安全总局再度声明自身不参与隔离相关的执法工作，所获得的信息只用于新冠肺炎疫情的防控工作。这是用来减缓和遏制新冠病毒传播的有效工具之一，这种方法被称为接触者追踪法，包括跟踪新冠患者并提醒与他们接触过的人，以便他们进行自我隔离。以色列科技公司采用了多种接触者追踪方法，包括基于地理位置的自愿接触者追踪应用程序、基于人工智能的匿名医疗问卷、基于算法的蜂窝无线电日志跟踪、用于远程筛查和准确报告的交互式呼叫中心平台，以及基于物理可穿戴设备的监控。

以色列政府还出台新规，同意以色列警方和地方政府部门对违反隔离规定或违规聚会者处以行政罚款。随着感染人数的不断增加，以色列多个部门发布了新的防控措施，如以色列急救组织“红色大卫盾”表示，将在一些足球场或停车场等开放区域陆续设立自驾检测中心，人们驾驶车辆到相关地点后无须下车即可完成取样，然后立即驾车离开。在疫情防控取得一定效果之后，以色列又放松了管控，造成了大规模的反弹。根据新的疫苗接种跟踪器显示，以色列的平均新感染人数在逐渐下降。截至2020年，以色列已接种了至少15556372剂新冠疫苗。

新冠疫情尽管给以色列带来了诸多不利影响，但推动了以色列走出政治僵局。自2018年年底内塔尼亚胡宣布提前结束任期举行大选以来，以色列在近一年半的时间里经历了三轮选举，利库德集团和蓝白党难以产生合法的执政联盟。新冠疫情的爆发，以色列司法部要求全国实行“特别紧急状态”相关规定，所有非紧急庭审环节暂停，内塔尼亚胡由此获得了喘息的机会。疫情的快速蔓延和以色列国内的多

以色列议会 Rafael Nir 供图

次选举加剧了以色列的社会焦虑，一些党派转向支持建立联合政府，这也是以色列面对疫情不得不做出的选择。

临危不惧：创新成果层出不穷

在 COVID-19 大流行期间，以色列展示出其在卫生技术方面令人印象深刻的创新。以色列拥有蓬勃发展的企业，他们在高科技和医疗保健的“交叉点”工作，开发尖端的移动健康设备、人工智能诊断平台、新型疗法和新的数字工具，以提高医疗保健的可及性、质量和精确度。根据全球最全面的创业生态系统图谱和研究中心 Start-up Blink 的一份报告显示，以色列在冠状病毒解决方案创新方面居世界第二位。联合国艾滋病规划署创新办公室主任普拉迪普·卡卡蒂尔表示：如果从新冠疫情危机和 Start-up Blink 对创新的映射中传达出一个信息，那就是创新已经接受挑战，现在是世界利用这些解决方案来挽救生命的时候了。在 Start-up Blink 的 1300 多项创新清单中，以色列是 38

项与流行病相关的创新的来源。

以色列创新局、以色列卫生部和社会平等部通过数字以色列计划拨款，用于抗击新冠病毒的初创公司，赠款将分配给那些提交研发计划、概念验证、产品和技术解决方案以应对冠状病毒大流行挑战的公司。最有效的症状检测和诊断工具包括通过智能手机摄像头对COVID-19症状进行实时远程分类的工具、使用非接触式生命体征传感器监测或可穿戴设备标记患者病情恶化的工具及AI解决方案，用于提高测试和扫描的效率。由于需要降低医务人员感染COVID-19的风险，远程医疗的重要性进一步加强。在已经多种多样的远程医疗解决方案中，有些方案与处理新冠肺炎的问题是相关的，并且已在医院中成功实施。其中包括推出的养老在线平台、为隔离病房或者家庭护理患者的医疗保健提供的自动化远程医疗工具，以及能够进行有指导的体检并将结果发送给医生的一体式手持检查工具。对以色列呼吸机短缺的担忧让医疗专业人员、国防工业、私营公司和企业家之间进行了前所未有的多学科合作，他们齐聚一堂，共同担负为卫生部提供数千台呼吸机的国家使命。他们通过两种方式完成：一是多学科团队设计简单的通风设备模型，以低成本从可用组件中进行大规模生产；二是将国防公司的生产线用于制造。

以色列团队将埃姆布（Ambu）包改造为一款基本的救生呼吸机，这支由阿尔卡哈尔（Alkahar）博士领导的40名制造商、工程师和医生组成的团队在短短5天内制造了这台新机器。随着病例的不断增加，ICU病房的呼吸机匮乏，所以他们把这个手动的用于提供氧气的工具变成了一个新的呼吸机。

特拉维夫的公司视力诊断（Sight Diagnostics）开发了一款对冠状病毒感染患者进行医疗保健管理的血液分析仪。该分析仪基于人工智能和图像处理，可以在几分钟内提供结果，大大缩短了化验等待的时间。

特拉维夫设计的泰米（Temi）机器人已经在医院中投入使用，它能够实现患者与医生的非接触互动，医生可以通过机器人进行远程的自动化测温。在特拉维夫维护的疫苗跟踪器是一个实时仪表板，可以监测全球范围内对 COVID-19疫苗的管理。

总部位于海法的瑞斯梅特里克斯公司（Resmetrix）开发了一种可穿戴呼吸监测系统，可准确监测呼吸系统疾病患者（如哮喘患者）的呼吸模式，在出现呼吸恶化的早期迹象时，系统向患者的智能手机和医疗团队发送警报。

卡玛达（Kamada）生物制药公司开发了针对冠状病毒的抗体。该公司在开发狂犬病和其他病毒抗体方面拥有成功的经验，并正在与卫生当局合作，为新冠病毒制定加速治疗方案。

以色列生物研究所正在研究一种冠状病毒疫苗以及一种使用康复患者血浆的 COVID-19 抗体治疗方法，正在积极寻求与初创公司合作的首席创新协调员埃兰 · 赞哈维表示：与疫苗相比，这种治疗方法的开发时间预计会更短。

早期感知（Early Sense）是一种无需接触患者身体就能监测患者状况的医疗设备，该系统通过了欧盟健康与安全标准。只需将此设备放置在床垫下，就可以提供 24 小时的监控。仅通过分析胸部运动，这一设备就能检测患者呼吸状况的变化，并向医疗团队提供远程警报，该设备已经被示巴（Sheba）医疗中心的隔离部门使用。

科技公司（BATM）开发了一种快速诊断试剂盒，可以在几分钟之内从唾液样本中检测出是否感染新冠病毒。

Soapy 是首个提供人工智能、物联网连接、环保的卫生微型站，帮助消费者按照世界卫生组织制定的标准有效洗手，该设备可以准确计算洗手时每 20 秒所需要的水量和肥皂。

提示医疗（Clew Medical）开发了一种算法，可以从 ICU 监控设备收集信息，对于病情恶化的患者，该系统会发出警报。因为感染的人数越来越多，当医院很忙时，医务人员不得不优先考虑重症患者，该系统就可以提供很大的帮助。

特拉维夫的 Sheba 医疗中心将创新者、科学家、初创公司、高级开发人员、投资者和学术界集中在一个屋檐下，在疫情爆发后的一个多月中，该中心与以色列陆军工程单位联合发明了一种新型呼吸机，并且研究出了大约在 15 秒内识别出病毒的技术，每次测试的成本不到 1 美元，尽管该技术仍处于测试的后期阶段。

以色列理工学院与国防部合作开发了一种系统——基于人工智能、雷达的先进的光学传感器技术，可以远程收集、分析病人的信息，并发送到患者房间外的安全工作站，该系统会记录病人的脉搏、体温和呼吸功能。整个过程可以确保医疗团队在无菌环境中操作，减少暴露的风险。

随身医生（Air Doctor）是一款旅行者与当地医生建立联系的应用程序，可以提供不断更新的新冠病毒测试站点列表及五大洲各个国家和地区的准入规则。

XR 健康（XR Health）为被隔离的冠状病毒患者提供专业治疗应用程序，主要利用虚拟现实（VR）耳机，选项包括压力和焦虑治疗、认知和体育锻炼以及与医疗保健提供者的双向互动。XR Health 最近在美国设立了虚拟现实远程医疗诊所。

以色列理工学院与加利利医学中心创造的玛雅贴纸，利用了独特的纳米技术，将标准手术口罩的有效性提高到 N95 水平，主要是使用 3D 打印机和涂有防腐剂的纳米纤维制造。索诺维亚公司（Sonovia）开发的索诺面罩（Sono Mask）是一种耐用的抗菌口罩，可调节，可反复使用，Sono Mask 的超声化学涂层技术利用声波浸泡有效、抗菌、无毒的化学物质，确保长期、持久的保护。以色列初创国家队将在环法自行车比赛上佩戴这款口罩，这项赞助是初创国家中心（Start-up Nation Central）与其他项目合作的一部分，这有助于将尖端的以色列产品推向市场。维里面罩（Viri Mask）是一款为一线工人设计的全面保护的呼吸器，该呼吸器能够提供高水平的保护，防止眼睛感染，且该装置可清洗和消毒，过滤器更换方便，可重复使用，包装安全。

从微型卫星到海洋科学，从计算机科学到虚拟技术，再到应对新冠肺炎疫情的新方法，以色列在全球科学舞台上的表现十分出色。在新冠疫情流行期间，几乎所有的实验室都关闭了，研究婴儿肠道微生物组如何建立和转移的生物学家莫兰·亚苏尔（Moran Yassour）加入了耶路撒冷希伯来大学的研究组，他们正在寻找提高 COVID-19 筛查效率的办法，他们不检查单个样本，而是将它们集中在一起，只重新测试那些显示阳性的样本，并且减少执行的测试总数，从而节省人员时间、试剂和最终成本。这是一个相对简单的方案，并且在任何具有足够测试量的中型实验室中实施起来相对容易。

伊塔马尔·亚迪德获得博士学位后在以色列雷霍沃特的魏茨曼科学研究院接受培训，他说："疫苗的问题之一是将疫苗运送到'运输、冷藏或卫生非常具有挑战性的地方'。"他和他在加利利米格研究所（主要从事生物技术、环境和农业科学领域的研究）的同事正在研发一种口服冠状病毒疫苗。米格研究所在疫苗研发方面具有优势，因为该研究所已经成功地进行了为期 4 年的禽冠状病毒的疫苗开发。他们坚信，这能为人类疫苗的开发积累经验。米格研究所开发的技术利用消化系统将这些抗原呈递给免疫系统，但制作口服疫苗并非易事。

以色列的高科技行业对以色列的经济发展非常重要，COVID-19 大流行和由此产生的全球经济—健康—社会危机凸显了该行业面临的挑战。与其他行业相比，高科技员工仍然是一个强大的群体，并为以色列经济做出了重大贡献。高科技领域的以色列人占 10%，却创造了 15% 的 GDP、贡献了 43% 的出口和 25% 的税收。由于能够对新的工作环境和不确定性条件做出快速反应，以色列的高科技行业对 COVID-19 危机表现出了强大的韧性，这与疫情对其他经济部门的打击形成了鲜明对比。在封锁期间，尽管高科技行业的失业率也有所上升，但鉴于高科技行业所展现出的韧性，人们都相信这些失业的高科技专业人员在不久的将来总会找到新的工作。与高科技行业年轻产业的形象相比，高科技从业人员年龄的增长反映了行业的成熟，2019 年高科技从业人员的平均年龄为 40.1 岁，而整体行业中的员工的平均年龄为 39.6 岁。大学毕业生进入该行业的比例上升，这一趋势应该会弥补高科技员工的短缺。总共有三分之一的以色列学生正在攻读 STEM 学科（科学和高科技）的学士学位，其中 64%（55000 名）的学生在以色列大学学习。对于高科技行业来说，经验丰富的员工更容易受到青睐，但加入新鲜血液也是高科技行业向前发展必不可少的，因此，培训缺乏经验的员工至关重要，但许多公司还没有做好培训年轻员工的准备。在以色列的高科技行业中，极端正统派和阿拉伯员工所占的比例很低，女性在高科技行业中大概占三分之一。

以色列的初创公司选择保持独立性并成长为完整公司，领导全球重要的商业活动。以色列初创公司筹集的资金在十年内翻了两番。疫情期间，以色列初创公司筹集的资金在 2020 年达到了 115 亿美元，投资的增长主要来自处于后期阶段的初创公司。以色列初创企业投资的主要领域是网络和金融科技，在 2020 年吸引的资金最多，使用人工智能技术的公司在 2020 年筹集了超过 40 亿美元。高科技出口也持续增长，2020 年达到近 500 亿美元，占以色列出口总额的 40% 以上。

随着 COVID-19 危机的爆发，初创公司的资金需求及其筹集资金的能力发生了变化。创新局立即接受了这一挑战，并提供了新解决方案。为应对危机而制订的政府解决方案的例子之一是管理局与财政部共同创建的快速通道计划。该计划旨在帮助初创企业度过最初的危机时期，其特点是私人市场资本对创新科技公司的注入减少，投资涉及高风险。该计划在其运行的 7 个月内授予了 6.5 亿新谢克尔，在 578 项提交中有 283 项请求获得批准。请求的批准以公司招募匹配资金为条件，有助于早期投资者快速回归市场。这个解决方案说明了政府干预可以迅速地创造增长，它还有助于教授如何提供进一步的政府解决方案，并建议研究如何常规采用这种方法。另一个例子是鼓励机构实体通过以色列资本市场投资处于早期销售和成长阶段的以色列高科技公司。作为该计划的一部分，创新局投资委员会批准了对高科技公司价值 20 亿新谢克尔的投资。这些旨在支持当前与创新和以色列高科技公司融资相关的挑战和机遇，包括放宽与以色列公司收购外国公司有关的监管，以及税收监管的变化为高科技公司提供外国贷款。

在 COVID-19 危机期间，以色列的公共部门经历了快速而重大的飞跃，这在其他情况下可能需要数年才能实现。为了使公共部门能够向前迈出一步，政府部门必须数字化以适应新时代，疫情的管控也应把技术进步放在首位。向数字经济和电子商务过渡是国家层面的一个重大飞跃，商店的关闭使许多企业首次在网上提供商品，消费者也增加了对数字服务的使用。政府必须抓住这一趋势创造的机会，而这种趋势因 COVID-19 危机而加速，提高企业的生产力并支持电子商务带来的商机，包括将迄今为止一直专注于当地市场的一些以色列企业开放到国际贸易。以色列企业的增加对于COVID-19之后的经济复苏、创造新的就业机会以及改善以色列消费者的消费水平至关重要。新冠疫情也改变了他们上班的方式，以前很多人从未考虑甚至反对新的工作环境，但疫情之下，一些人正在考虑或者已经决定转向将办公室工作和在家工作相结合的混合工作模式。鼓励这一方向的第一个部门是财政部，他们允许公共部门的雇员每周有一天在家工作。这种混合的工作模式保留了疫情期间在家工作的一些优势，例如，它可以减少道路交通拥挤和降低空气污染，支持更大程度的性别平等。向混合工作模式过渡，可以在地理和社会边缘地区创造新的就业机会，缩小经济和社会差距，并促进残疾人的融合。但以色列也清楚地知道，并非所有的经济部门都适合在家工作。在此背景下，值得一提的是由通信部和创新局联合开展的一项开发先进通信应用程序的计划，作为创新局试点计划的一部分，旨在实施支持以色列扩大使用5G网络的先进通信应用程序。除了将互联网基础设施作为采用混合工作模式和保持以色列在全球的竞争地位的基石，还必须确保新的工作模式不会破坏网络安全。

缩短私营部门和公共部门之间差距的一种可能性是利用当地的高科技将以色列及其政府部门数字化，并为后疫情时代的世界做好准备。为此，政府部门必须努力采用技术解决方案，包括处于试点阶段的技术解决方案，使公共部门能够实现必要的飞跃，并将政府转变为“早期采用者”，即政府通过向数字服务过渡，成为高科技领域的客户。促进这一过程发生的主要变化之一是更新政府采购过程并提高其灵活性，例如，改变招标方式并制定新法规，以解决向供应商传输政府数据的问题，同时保护隐私；在数字健康领域，越来越多的趋势是基于被称为“真实世界证据”的真实数据证明产品的可行性，而不仅仅是基于受控临床试验数据的概念证明。

以色列是世界上移动领域的创新者之一，创造了巨大的价值。然而，以色列的交通系统并不发达。在疫情爆发、以色列封锁期间，虽然通勤量减少，但以色列仍需要快速且经济高效地运送大量工人。为此，以色列提出了一系列创造性的解决方案，以摆脱过时的交通服务，例如利用尖端技术发明大众通勤的大规模试点，将私家车的拼车与按需公交服务相结合。改变世界上的交通系统和道路堵塞的最具开创性的想法之一是将移动性视为一种服务，而不是一种产品。以色列的移动即服务（也称为 MaaS）试点项目正在以色列各地复制，通勤者可以在应用程序中输入目的地，应用程序将会提供一系列选项，例如汽车、共享自行车、出租车或这些选项的组合。以色列在动员响应者参与全国抗击疫情时正是使用了这种方法。它取代了现有的刚性交通网络，引入了量身定制的通勤系统，按照公交路线算法计算了每位乘客的最高效行程，并相应地安排了路线巴士。在一项涉及 5500 名响应者的试验中，用户只需通过一个专门创建的应用程序输入他们的位置和目的地。在 60% 的情况下，他们会在距离目的地 300 米的范围内下车。在推出后的三周内，12000 名响应者下载了该应用程序，使用 250 种不同的交通方式（从公共汽车到货车）进行了 75000 次旅行。虽然该系统是为了应对危机而创建的，但它可能会继续存在，因为它每年可

以色列公共交通 Levi Meir 供图

为公众节省2500万美元。以色列需要长期实施这些解决方案，以创建一个围绕人类需求和优先事项（例如安全、健康、可达性和更好的生活）的交通系统。以色列的交通改革表明，在技术和正确的公私合作伙伴关系的帮助下，一个国家可以采用更清洁、更方便和更具成本效益的旅行方式。世界各地也都可以从这个例子中学习，看到私人创新帮助解决公共政策挑战的突破性变化。

在努力满足快速增长的交付量和新兴需求方面，交付和供应链物流变得比以往任何时候都更加重要。传统的物流解决方案正在努力满足非接触式交付和多车队调度等新要求，同时，一些以色列公司正在提供可以帮助企业在受到限制的情况下继续运营的解决方案。其中包括智能本地交付管理平台——用于无人交付和设施运营的自动化无人机，以及能够在新情况下进行货物比较、预订和管理的进出口平台。以色列的物流技术公司主要专注于全球市场，在那里有更多的机会，该公司采用了数字化和自动化的技术。根据COVID-19危机全球旅游和出口的限制，物流对于满足快速增长的需求和保持企业生存比以往任何时候都更加重要。布林格（Bringg）为企业提供了一个交付管理的核心解决方案，且因新冠疫情为中小企业提供免费服务，该解决方案包括：实时数字调度仪表板；用于管理交付驱动程序的移动应用程序；为客户提供实时信息的品牌交付跟踪器。飞特克斯（Flytrex）公司的无人机可以携带3公斤的负荷，以55 km/h的速度行驶13 km，通过部署无人机基站向消费者提供基本产品。洞察力（Percepto）软件公司的自主无人机允许通过实时视频、全周期自动化、数据上传和分析、报告和审计进行远程操作。自主和远程控制无人机可以保护工业现场的设施并进行监控和操作，主要适合矿、石油、天然气、太阳能和热电行业。在线货运平台帮助各种规模的进口商和制造商远程维持全球的进口和出口，尽管疫情导致供应链发生了快速变化。开展一项比较新冠肺炎轻度和重度病例的研究，以确定基因突变是否增加或减少对病毒的反应，并对其进行分类，以便开始DNA测序过程。吉尼克斯（Geneyx）计划编制一个反映病毒敏感性的数据库，这可以帮助提前向医疗保健团队发出警告。科赛特（Corsight）开发的人工智能实时面部识别平台，即使戴口罩、护目镜和护牌仍能进行面部识别。

印度也是以色列的主要贸易伙伴之一。新德里是印度的首都，孟买是其商业中心，因此，以色列经济部除在新德里和班加罗尔的大使馆设有经济使团外，还在孟买开设了一个单独的经济使团。在印度封锁期间，孟买经济贸易代表团团长萨基·伊彻（Sagi Itcher）一开始认为与印度人必须以见面、握手和共进午餐的方法进行工作，但他很快意识到，与印度人的初步接触也可以在Zoom上进行。这也是介绍以色列公司最合适的方法，因为很多印度高级管理人员现在都在家中。伊彻想到，在疫情之后，为了了解某家公司是否相关，没有必要专门飞往印度，通过Zoom会议就足够了。伊彻乘坐一架载有以色列特别代表团的飞机返回印度，该代表团由以色列国防部和外交部的国防研究与发展局率领，代表团提供了抗击新冠肺炎的援助和物资，并完成了一系列测试，以确定以色列为快速诊断冠状病毒而开发的几种技术的有效性。由国防部、外交部和卫生部代表组成的联合团队在新德里市设立了6个免下车站点，以进行采样，并建立了两个使用以色列技术进行数据处理的实验室。一位以色列驻印度的武官阿萨法·麦勒上校自信地说，他们的目标是向世界提供在几秒钟之内能快速进行新冠病毒测试的技术，这将使机场、办公楼、学校和火车站等的开放成为可能。伊彻认为，尽管疫情给印度经济带来了沉重打击，但印度的经济复苏仍然能够为以色列公司提供大量的机会。由于新冠疫情，远程医疗保健、网络安全和数字支付解决方案都受到了很多关注，即使以前不愿意使用数字支付的人最近也开始这样做了，因为他们没有其他选择。孟买作为印度的经济中心，以色列经济贸易代表团一直努力推广以色列的金融科技和保险科技解决方案，并将其与印度公司联系起来。以色列人非常耐心、沉着，他们知道印度市场对价格非常敏感，习惯讨价还价，这对于资金不多的以色列初创公司非常具有挑战性，但只要与某家印度公司达成第一笔交易，其他的印度公司就更容易信任你。以色列人发现这是印度商业文化的一部分，获得第一个客户往往需要更大的耐心。

以色列创新局的以色列—欧洲研究与创新理事会宣布，9家以色列的集团从欧盟的“地平线2020”计划中赢得530万美元，以参与应对冠状病毒爆发的合作项目。每个项目至少有来自三个不同国家的合作伙伴，包括研究机构、非政府组织、政府实体或公司。该计划使以色列参与者能够与优秀的欧洲合作伙伴一起竞争赠款，以支持各种领域中拟议解决方案的长期研发和测试应用。解决方案包括使用改造后的生产线制造医疗设备领域；发明用于治疗、监测和随访的医疗技术、数字仪器和人工智能（AI）；应对大流行的社会和经济影响；建立患者数据库，以便未来应对新出现的健康威胁。SKM航空（SKM Aeronautics）有限公司将与来自学术界、研究界和工业界的21个合作伙伴共同开展一个项目，以快速改造生产线，制造紧急部署所需的产品，例如具有独特抗菌纹理的多用途硅胶防护面罩和内部一次性过滤器。海法大学教授萨拉·罗森布鲁姆（Sara Rosenblum）、娜奥米·乔斯曼（Naomi Josman）、索尼娅·梅拉雷（Sonia Meirare）与8个合作伙伴进行实体合作，建立了一个“善解人意”的个性化平台，以评估残疾成人和儿童，并定制个性化干预计划，改善身心健康。主数据管理项目（MDM Projects）和6个合作伙伴将为医疗中心、诊所生产精密的空气净化与消毒设备。以色列西门子（Siemens Israel）和20个合作伙伴正在开发一个软件系统，旨在使欧洲的生产中心能够快速定位供应商、管理订单并控制3D打印医疗设备、产品和备件的生产流程。由此可见，以色列在医疗卫生的概念和实体上的创新得到了认可。

瑞士和以色列的创新能力在世界上称得上是数一数二的，两国尽管在前瞻性生态系统中采取了不同的做法，但两国仍是理想的合作伙伴。瑞士驻以色列大使让-丹尼尔·鲁赫认为瑞士的创新主要发生在大公司的内部，而以色列是基于初创公司和风险投资的生态系统。罗氏是瑞士医疗保健巨头，其团队与领先的以色列医疗保健和生命科学风险投资公司之一的月亮基金（aMoon）为针对以色列的健康技术生态系统加速创新诊断技术的合作进行投资。这项名为“Star Finder Lab（寻星实验室）”的合作将为通过该计划选出的新成立或现有的企业提供资金、指导和战略支持。该合作伙伴关系的重点是识别和培养颠覆性的人工智能驱动数据以及早期初创公司的数字医疗解决方案，推动医疗保健行业向前一步发展。医疗技术和人工智能正在改变医疗保健行业。通过重点指导，初创公司将能够利用这家瑞士健康科技公司和投资公司的庞大资源，包括资本、关键市场准入、深度数据以及 aMoon 以色列总部的办公空间。瑞士的公司认为这一计划能够与以色列最聪明的企业家建立特殊的关系，并能够与以色列领先的生命科学和健康科技基金一起在初创企业方面发挥积极的作用。罗氏以色列公司的首席执行官非常看重以色列优秀的人才。aMoon 联合创始人兼管理合伙人亚尔·辛德尔（Yair Schindel）博士认为，作为世界知名的数字创新中心，以色列拥有强大的创业资源，可以为医疗保健行业面临的重大挑战提供解决方案。新冠疫情的爆发要求医疗技术行业加紧对抗病毒，这加速了远程医疗解决方案和远程医疗能力的惊人进步。以色列与其他国家和地区建立的合作伙伴关系能够超越疫情本身，将改变生活的技术带到现实生活中，这种前瞻性的思维，有助于进一步扩大以色列健康技术生态系统的影响。

空气传播的病毒颗粒也是感染冠状病毒的主要原因，改善通风并不足以阻挡病毒的传播。以色列人梅尔·达汉发明了空气净化系统保护空气（Protect Air），他曾在核研究中心担任机器和水净化专家 15 年。Protect Air 通过释放微量二氧化氯对室内空气进行消毒，二氧化氯对病毒和其他类型的细菌有很强的抵抗力。这款设备大概只有肥皂盒大小，可以安装在墙上或者放置在桌子上，不需要电力、无线网或电池，如果空间较大，可以放置 4~5 个。设备里配有一袋颗粒，大约一个月补充一次，或者

protect air 设备　图片来源：以色列保护空气公司

使用凝胶，凝胶在使用面积上更大，持续时间更长。打开包装就会激活颗粒或者凝胶，二氧化氯本来会迅速蒸发和氧化，但是Protect Air的设置会使二氧化氯均匀地释放。Protect Air在以色列接受了针对病毒的有效性测试，并在以色列和海外进行了安全测试，大多数公司以二氧化氯净化水，同时也可以净化空气。

以色列初创公司奥拉空气（Aura Air）已在Sheba医疗中心完成了两个阶段的试点，以检查其空气过滤和消毒系统的功效。Aura Air的设备可感应污染物并过滤掉细菌、病毒、花粉、霉菌、真菌和其他微粒。该系统使用碳和铜注入的“射线”过滤器、高效微粒空气过滤器、预过滤器，它还可以产生正负离子以清新室内空气。在之前的实验中，该系统对流感病毒的平均有效性达到了99%。现在该公司将为全球民用和军用部门制造先进的空气过滤系统，专注于净化和消毒空气中的严重病毒，包括冠状病毒。

包括以色列理工学院的伊多·卡米纳（Ido Kaminer）教授在内的国际科学家团队表示，紫外线C光是一种已知的消毒剂，可能将是一种“特别有效、易于部署且经济实惠”的用来消除室内空气中冠状病毒的方法。理工学院的科学家们建议，对紫外线C光进行全球资本投资，例如荧光灯、微腔等离子体，建筑物通风系统内部和共享室内空间的LED，这将迅速灭活空气传播和表面沉积的冠状病毒。

以色列内盖夫本－古里安大学正在开发一种基于水过滤技术的新型空气过滤器，可以进行自我消毒和净化。新的纳米技术源自激光诱导石墨烯(LIG)水过滤器，可消除水中的病毒和细菌。这种为空气过滤而重新设计的新概念可用于加热、通风和空调(HVAC)系统，或集成到面罩中以实现自我消毒的效果。LIG对细菌具有抵抗力，并可以主动杀死微生物和病毒。研究人员解释说，这是一个双重保护系统：抗细菌的石墨烯表面可以防止微生物繁殖，而电流可以清除困在过滤器中的微生物。LIG空气过滤器有可能与最先进的空气过滤器结合使用，这样可以增加一层主动保护，并延长昂贵的空气净化技术的使用寿命。通过对这种设备的普及，医院、汽车、建筑物和公共交通都可以成为更安全的空间。

以色列不仅在医疗方面有很多创新，而且在关注人们情绪变动的方面也有很大进步。医生和流行病学家对冠状病毒的研究非常多，然而人们似乎没有关注到，世界各地的许多人都因为疫情感受到一定程度的压力和焦虑。这场危机改变了人们的思想，对新的思维方式和行为模式更为宽容。音乐对人类有显著的影响，但它以不同的方式影响着我们每个人：同样的音乐可能会让一个人放松，但可能会增加另一个人的压力；同样的音乐可能会提高一个人的有氧运动表现，但可能会导致另一个人的弱点显化；同样的音乐可能会改善一个人的睡眠质量，但也可能会妨碍另一个人入睡。鲁巴托（Rubato）作为一项创新技术，可将音乐与听者的生理和心理状态相匹配，该技术基于生物识别技术、音乐属性算法和机器学习数据，将愉快的聆听体验转化为科学的生物反馈治疗，给人们推荐能够科学地帮助管理压力和改善睡眠质量的音乐。鲁巴托技术的创始人认为，音乐播放列表应该根据个人生理、心理需求和反应来策划，而不是根据电子商务算法。他们通过对心脏和心率的测试，来确定人们对于音阶、文本和歌词的情感以及各种音乐结构模式的反应。这种方式是用大规模的生物特征来量化音乐对压力、焦虑、睡眠和健康的影响。他们利用可穿戴设备来监测与压力管理最相关的标志物，通过心率变异性测量压力水平升高、心率升高和心率趋势变化。综合这些独立的数据源，我们能够在音乐曲目及其对听众压力水平的影响之间建立必要的联系。当用户收听歌曲时，专有的人工智能技术会逐渐了解听众的身体对特定类型音乐的反应，构建一个全面、个性化的数据库，显示哪些音乐属性对特定的人最有益，以减轻压力。基于这种理解，我们的算法会推荐新音乐以帮助减轻压力并有助于让听众获得更平静的心态。通过用户的可穿戴设备收集到的信息显示，歌曲的音乐特征和与减压相关的生物心理效应之间存在显著的相关性，我们推荐的新音乐也显示出预测的准确性。现在听音乐不只是为了享受，而是将音乐作为生物反馈的一种形式，并科学策划以帮助他们优化健康。

疫情不仅影响了经济发展，也阻碍了社会文化的交流。作为耶路撒冷马霍尔·沙洛姆舞蹈中心（Machol Shalem Dance House）的舞者、编舞者和首席执行官，埃德尔曼每年都会组织舞者创作舞蹈作品，进行表演。疫情看似和舞蹈本身无关，但由此带来的对地区的封锁和入场人数的把控实则影响了表演的传播。Machol Shalem Dance House 决心为独立舞者提供一个创作平台，将他们与世界各地有影响力的人联系起来，并在这座城市推广舞蹈文化。该中心试图研究可以与舞蹈一起使用的创新领域的科技和界面，例如放映领域。不久，他们就意识到 VR 甚至可以拥有超越舞蹈表演的真实体验，如果你坐在前排，就只能看到面前的所有舞者，如果你站在舞台中央，就能感受到周围的所有舞者。该中心邀请舞者到一个专门建造的 360 度工作室，在那里，他们用大量的摄像机进行拍摄，使用 VR 技术，让镜头以一种在观众周围创造完全身临其境的体验方式进行整合。马霍尔 · 沙洛姆（Machol Shalem）是以色列第一个创造 VR 舞蹈表演的人，摄像机创造了这种立体拍摄效果：每个摄像机方向都有两个镜头，就像眼睛一样，但每个镜头都会产生轻微的失真，一旦用每个方向的两种镜头以这种方式

Machol shalem Dance 图片来源：Machol Shalem Dance House

拍摄，那么从观感上来说，所有的东西都是有形的，都在自己的身边。当人们戴上设备时，他们发现自己身处舞台的中央，舞者就在他们的旁边，甚至有时会穿过自己的幻影。这种 3D 体验以最真实的方式挑战感官，当舞者靠近他们时，人们甚至尝试触摸他们。参观者走进空荡荡的大厅，坐在转椅上，戴上 VR 设备，打开配套的应用程序，戴上头显就可以开始观看了，灯光一亮，参观者就被舞者包围了。埃德尔曼想要将以色列的舞蹈推向世界，他想要与外交部合作，向曾经来以色列旅游的游客分发设备，让他们在各地的家中或世界各地的舞蹈中心观看以色列的舞蹈。埃德尔曼非常相信 VR 技术在未来的舞蹈世界里将占有一席之地。

沉沦？向上？疫情的涟漪效应

新冠疫情的爆发，使以色列面临着历史上最严重的失业危机，失业率突破百分之二十，甚至比以色列建国之初还高。受疫情的影响，特拉维夫地区的很多实体店受挫，一些开业多年的餐馆由于政策的实施和人流量的减少，濒临倒闭；钻石加工贸易行业也受到很大影响，一些钻石零售商店陆续倒闭，钻石公司门店关闭又重新开放后，仍然有很多员工居家办公。以色列的失业人数在短期内很难减少，疫情对社会产生的影响在短期内也难以消失，即使冠状病毒的健康危机消退，其产生的连锁反应也可能会改变我们个人和社会的很多事项及规范，在疫情之前被视为不可替代的活动现在也变得可有可无。以色列面临着严峻的社会问题，其中政府政权的不稳定性也使人们更加焦虑。以色列应该何去何从？是就此沉沦？还是不畏困难、逆风前进？这是以色列需要思考的问题。

远程工作将成为新常态，这种转变可能对房地产的价格、石油的需求、交通基础设施的投资以及员工工作与生活的平衡产生深远的影响。疫情暴露了很多国家医疗保健系统的不足，因此，医疗保健尤其是预防保健和远程医疗，仍将在社会中占据首要地位，无论是在以色列还是在全球范围内。受疫情的影响，老人们不仅孤独感倍增，数字服务对他们来说也并非易事。在疫情有所缓和的时候，为老人们解决数字服务和其他类型的需求应该成为首要任务。疫情也影响了人们的工作，那些可以使用数字基础设施远程工作的专业人员面临的健康风险较低，并且不受经济危机的影响，但有很多人面临失业，如何解决这一问题不仅是以色列也是整个世界需要思考的问题。

结语

当我们把目光投向以色列，会发现除了动乱之外，它也有着很多神秘和迷人之处。不为自己创新，为世界创新，世界就会来投资你。以色列深谙成功之道，也将这一点发挥到了极致。我们不可否认，在建立以色列初创国家形象时，新闻媒体的塑造和传播起到了很大的作用，通过网络，我们看到了以色列各式各样的创新。从现实和数据的角度出发，以色列在很多方面的创新的确为世界带来了改变。以前，当我们谈起以色列，往往会将它与战乱、危险等词联系起来，但只有通过深入的了解，我们才能更深刻地了解这个国家的全貌。也许以色列有着很多争议，但在创新方面，它是认真的。以色列的很多创新成果，在我们第一次了解到的时候，甚至会觉得很惊奇，因为以色列的创新充满了天马行空的想象。

不论是从犹太传统中留存下来的创新因素，还是面对现实不得已的选择，以色列确实将创新融入了人们的日常生活中，犹太人用自己的双手和心灵，在很多领域烙上了自己的印记。尽管受到新冠疫情的影响，全球经济不如之前那样景气，但各个行业的颠覆性创新仍然能够改变商业格局，为企业带来挑战和机遇。如果不改变传统的发展模式，那将面临被时代淘汰的风险。而以色列以其独特的生态系统满足了这些需求。以色列独特的社会文化、主动的政府支持和放眼全球的市场方法，促使以色列成为世界上较为成功的生态系统之一，这些因素的同时存在，以色列创新取得成功也就不足为奇了。以色列的创新系统不仅为自身带来了巨大的财富，也成为许多国家学习的对象。以色列显然也意识到了这一点，因此，创新有时也会作为一种外交手段出现。但以色列的创新系统能够成功有其自身的独特性，在学习以色列的同时，不能照抄照搬，应该结合自己国家的现实情况做出选择。

参考文献

（一）专著

[1] Dima Adamsky, *The Culture of Military Innovation: The Impact of Cultural Factors on the Revolution in Military Affairs in Russia, the US, and Israel,* California: Stanford University Press, 2010: 99-115.

[2] 徐新、凌继尧：《犹太百科全书》第一版，上海人民出版社，1993。

[3] 徐新：《犹太文化史》，北京大学出版社，2011。

[4] 张倩红：《以色列史》，人民出版社，2014。

[5] 张倩红、胡浩、艾仁贵：《犹太史研究新维度》，人民出版社，2015。

（二）期刊文章

[1] 张倩红、刘洪洁：《国家创新体系：以色列经验及其对中国的启示》，《西亚非洲》2017 年第 3 期。

[2] 汪舒明：《以色列政坛陷入深度裂痕和极化》，《党课参考》

2020年第1期。

[3] Bernard Kahane, "Innovation Projects in Israeli Incubators Categorization and Analysis," *European Journal of Innovation*, 2005, 8(1):95-97.

[4] Daniel Felsenstein, "Factors Affecting Regional Productivity and Innovation in Israel: Some Empirical Evidence," *Regional Studies*, 2015, 49(9):1459-1500.

[5] Dorit Tubin, "Establishment of a New Schooland an Innovative School: Lessons from Two Israeli Case Studies," *International Journal of Educational*, 2008, 22(7): 653-657.

[6] Heather A. Stone, "Laws Encouraging Technological Innovation in Israel: 'String Attached' ," *KLRI Journal of Law and Legislation*, 2014, 4(1):85.

[7] Michael Y. Barilan, "The New Israeli Law on the Care of the Terminally Ill: Conceptual Innovations Waiting for Implementation," *Perspectives in Biology and Medicine*, 2007, 50(4):559-560.

（三）网络资源

[1] 以色列中央统计局：https://www.gov.il/en/departments/central_bureau_of_statistics/govil-landing-page.

[2] 以色列创新局：https://innovationisrael.org.il/en/.

[3] 犹太虚拟图书馆：https://www.jewishvirtuallibrary.org/.

[4] 亿沃犹太研究所：https://www.yivo.org/.

[5] 犹太历史：https://www.jewishhistory.org/.

附录 1

中以交往一枝春

2022 年 1 月 24 日是中国和以色列建立大使级外交关系的 30 周年纪念日。在过去的 30 年，中以关系已经发生了翻天覆地的变化，两国交往经历了前所未有的发展阶段。不仅如此，早在 2017 年，中以就正式为两国关系定位，确立了“创新全面伙伴关系”，以创新为抓手，推进两国关系稳步向前发展。沉浸在喜悦之中的我，思绪禁不住回到建交之前的 1988 年。

那年的 6 月 22 日，当美联航从芝加哥直飞以色列的航班在本-古里安机场降落时，我即刻意识到自己的一个梦想成真了。与此同时，自己也在不经意间创造了一项无人可以打破的中以交往史记录：成为中国与以色列正式建立大使级外交关系之前第一位应邀访问以色列并即将在希伯来大学公开发表学术演讲的中国学者。当时的激动心情至今难忘，尽管在那以后我又先后十余次造访以色列，每次访问都有不小的收获，但 1988 年的访问毕竟是我第一次踏上以色列国土，第一次来到中东地区，第一次走到了亚洲的最西端，第一次如此近距离贴近以色列社会。

为什么得以在彼时造访以色列？如何在中以没有任何正式外交关系的情况下获得访问以色列的签证？我眼中看到的以色列是一个什么样子？此行对我的学术生涯会造成什么样的影响？

坦率地讲，希望有机会访问以色列的想法与我此前两年在美国的经历有着密切的关联。

我第一次走出国门是1986年夏，那是我在南京大学工作的第10个年头。与彼时绝大多数出国人员不同的是，我去美国并不是留学，而是到美国的大学（芝加哥州立大学）执教。在机场，我受到芝加哥州立大学英文系主任弗兰德教授（Professor James Friend）的亲自迎接。在驱车进城的路上，他热情地告诉我他和他的夫人决定邀请我住到他的家中，希望我能够接受他们的这一邀请。这当然是一件喜出望外的事，尽管我在之前与他的通信中（当时由于尚未有互联网，人们之间的联系主要依靠书信。而一封信件的来回大约需要一个月到一个半月）提及希望他能够帮助我在学校附近租一个房子，因为芝加哥州立大学在决定聘用我的信中明确表示学校不提供住处，必须自行解决住房问题。

弗兰德教授是犹太人，1985年秋，根据南大－芝州大友好学校交流协议曾来南大英文系任教。当时我是南大英文专业的副主任，除了行政方面的工作，还负责分管在英文专业任教外国专家的工作，因此与弗兰德教授有较为密切的接触，结下了深厚的友谊。实际上，我收到去芝州大教书的邀请就得益于他的推荐。他的夫人也是一位在大学教书的犹太人。他们的两个女儿当时已大学毕业离开了家，家中有空出的房间供我使用。能够住在他家中，显然为我这个初来乍到的人在美国生活开启了一个良好的开端，我没有丝毫犹豫就欣然接受。事实证明，由于是与一位熟悉的人生活在一起，我非常顺利地开始了在一个陌生国度的生活，没有经历绝大多数人都不可避免会在开始阶段感受到的文化冲击（culture shock）。我不用准备任何生活用品和油盐酱醋方面的物品，早晚餐和他们一起用，而且到学校教书，来回都搭弗兰德教授的便车（当然我当时尚不会驾车）。更为重要的是，生活在弗兰德的家中，不仅让我感受到家的温馨，认识和熟悉了他们的所有亲朋好友，而且与当地犹太社区有了广泛的接触。现在回忆起来，和他们生活在一起，简直就是以前所未有的方式“沉浸”在犹太式的生活之中，为我提供了一个了解犹太人和体验犹太式生活不可多得的绝佳机会。

在与犹太人交往的过程中，我对以色列这个世界上唯一的犹太国家开始有了新的认识：以色列不再只是依附于世界头号强国、不断引发周边冲突的暴力形象，而是一个为所有国民提供归属感的崭新国家。在那里，犹太民族成为主权民族，其传统不仅得到了很好的传承，而且不断发扬光大。我逐渐了解到古老的希伯来语早已在那里得到复活，成为以色列社会的日常用语，使用现代希伯来文进行文学创作的阿格农早在1966年便获得诺贝尔文学奖；基布兹作为以色列实行按需分配原则的农业形态一直生机勃勃，吸引了世界的目光。更重要的是，以色列被视为是世界上所有犹太人的共同家园。

新的认识使得我有了希望能够去看一看的想法。或许是那两年与众多犹太人有过频繁交往，或许是我在犹太社区做过一系列讲座的缘故，熟识的犹太朋友主动为实现我的这一愿望牵线搭桥——终于，在我决定回国履职之际，我收到以色列著名高等学府希伯来大学和以外交部的共同邀请，邀我对以色列进行学术访问。邀请方对我提出的唯一要求是希望我能够在希伯来大学做一场学术演讲，题目由本人决定。

根据安排，我有十天的访问时间。到达以色列时，我荣幸地受到以色列外交部的礼遇。中以建交后担任以色列驻华大使馆政治参赞的鲁思（Ruth）到机场接机，并陪同前往耶路撒冷的下榻饭店。具体负责我在以访问活动的是希伯来大学杜鲁门研究院院长希罗尼教授（Professor Ben-Ami Shillony）。次日上午，希罗尼教授如约来到饭店，与我见面。寒暄后，他递上了一份准备好的详细访问日程，并表示我有什么要求可以随时提出。

访问从驱车前往希伯来大学开始。在那里，我们除了参观了解希伯来大学，还重点参观了解了杜鲁门研究院，并参加了当日下午在杜鲁门研究院举行的研究院新翼图书馆落成揭幕式。由于新翼图书馆是美国人捐款建设起来的，美国驻以色列大使一行专程前来参加揭幕式。主宾的衣着令我印象深刻：以方的出席人员个个着西装领带，而美方人士则个个着休闲便装。而我事先了解到的以色列着装习俗应该是这样的：以色列人以随意著称，很少着西装打领带。可今天，出于对嘉宾的尊重，以方人员个个着西装打领带出席；而通常以正装出席揭幕式这类正式活动的美国人，为了表示对以色列人的尊重，特意着便装出席。彼此都为对方着想，表明两国不同寻常的亲密关系。

在接下来的参访中，几乎每一项活动都令我思绪万千，对我日后的学术研究产生重要影响。譬如，在参观了大屠杀纪念馆后，我在接受《耶路撒冷邮报》的采访时，说了这样的话：现在我终于明白犹太人为什么一定要复国。《耶路撒冷邮报》第二天报道了这一采访。对反犹主义的研究从此成为我学术研究的一个主攻方向。我不仅出版了《反犹主义解析》和《反犹主义：历史与现状》等专著，发表若干论文，而且在国内大力推动“纳粹屠犹教育”，并作为中国代表出席联合国教科文组织在巴黎召开的“纳粹屠犹教育”国际会议。

在参观了“大流散博物馆”后，我对犹太人长达 1800 年的流散生活有了更直观的了解，感叹犹太传统在保持犹太民族散而不亡一事上发挥的作用。而博物馆中陈列的“开封犹太会堂”模型和专门为我打印的开封犹太人情况介绍促使我在回国后专程去开封调研，并把犹太人在华散居作为自己的另一个研究方向，其成果是两部英文著作和数十篇相关论文。

穿行在耶路撒冷的老城，我体验到了什么是传统和神圣；行走在特拉维夫，我感受到以色列现代生活的美妙和多姿多彩；在北部加利利地区的考察，令我切切实实地感受到以色列历史的厚重；而在南部内盖夫地区的参观，让我真真切切体验到旷野的粗犷；在马萨达的凭吊，令我感受到什么是悲壮；而在海法的游览，则使我体验到什么是赏心悦目；在基布兹的访问，令我这个曾经在农村人民公社劳动和生活过的人感慨万千——犹太人在农业上的创新做法和务实态度令我不停地发出种种追问，我被基布兹的独特性深深吸引，好奇心使我提出再参观一个基布兹的要求，并得到了满足。

由于我在南京大学最初的 10 年主要是从事美国犹太文学的研究，在访问期间，我提出希望能够会见以色列文学方面人士的要求，于是我便拜访了以色列文化部，并结识了文化部下属以色列希伯来文学翻译学院负责人科亨女士（Nilli Cohen）。科亨女士是学院负责在全球推广希伯来文学翻译的协调人，我与她建立了工作关系，并一直保持通讯联系。此外，我们还有幸拜会和结识了特拉维夫大学希伯来文学资深教授戈夫林（Nurit Govrin），在向她请教若干关涉现代希伯来文学的问题后，还请她推荐了一些作家和作品。由此，本人对现代希伯来文学的兴趣大增，在随后不到 10 年的时间内，经本人介绍给国内出版界的以色列当代作家多达 50 余位。1994 年，我因译介现代希伯来文学再度受邀出访以色列。在出席以色列举办的“第一届现代希伯来文学翻译国际会议”之际，以色列作家协会为出席会议的中国学者专门举行了欢迎酒会，使我终于有了一个与绝大多数译介过的作家见面的机会。

我必须承认，在初次以色列之行中最触动我心灵的经历是与以色列一系列汉学家的见面交流。老实说，会见以色列汉学家并非出于本人要求，而是以色列接待方的精心安排，因为当时的我压根就不知道，也没有想到，以色列会有汉学家。以色列接待方根据我的身份——一个对犹太文化感兴趣的中国学者，认为安排我会见以色列的汉学家是一项有意义的活动。根据安排，我在特拉维夫大学会见了谢艾伦教授（Professor Aron Shai），他是一位史学家，专攻中国近现代史。我专门旁听了他的中国史课，并与学生进行了简单的交流。谢艾伦后来出任特拉维夫大学的教务长（相当于常务副校长）一职，不仅到南京大学访问过，还热情接待过由我陪同访问的南京大学校长代表团。我在特拉维夫大学会见的还有欧永福教授（Professor Yoav Ariel），他是研究中国古典文化的学者，将中国经典《道德经》译成希伯来文。在希伯来大学，我结识的汉学家有研究中国政治和外交的希侯教授（Professor Yitzhak Shichor），研究中国文化的伊爱莲教授（Professor Irene Eber）。此后我与伊爱莲教授多次在国际场合见面交流，友谊长存（伊爱莲教授于 2019 年与世长辞）。后来（1993 年），在拜会以色列前总理沙米尔时，沙米尔在了解到我当时正在学习希伯来语后，告诉我以色列政府在 50 年代初就安排了一位名叫苏赋特（Zev Sufott）的以色列青年学习中文。尽管在随后的 30 年他一直学非所用，但是当 1992 年中以终于建交后，苏赋特出任以色列第一位驻华特命全权大使。

这一系列的会见使我惊叹不已。以色列这么一个小国（当时的人口尚不足500万），竟然有多位专门研究中国历史、文学、社会、政治、外交等方面的专家教授，其中有的还享有国际声誉。而就我所知，当时偌大的中国（人口是以色列的近240倍），却鲜有专事研究犹太文化者，中国高校亦无人从事犹太文学的教学！这一反差对我的冲击实在是太大了。作为一个在美国有两年时间"沉浸"在犹太文化中的人，出于一种使命感，我在以色列就发誓回去后一定投入对包括以色列在内的犹太文化研究。

回国后，我义无反顾投身于犹太学研究，确立了自己新的研究方向、开启一个全新治学领域，同时在南京大学创办了犹太和以色列研究所，组织编撰了中文版《犹太百科全书》，率先向国内学界介绍引入现代希伯来文学，建起了一座英文书籍超过三万册的犹太文化图书特藏馆，召开了包括"纳粹屠犹和南京大屠杀国际研讨会"与"犹太人在华散居国际研讨会"在内的大型国际会议，培养了30多名以犹太学为研究方向的硕士生和博士生……进而勾勒出了中国犹太/以色列研究的概貌。

回望过往，发生的一切显然过于神奇，只能用"奇迹"来描述。

而这一切源于1988年以色列的处女之旅。从此，以色列对于我而言，是一个令奇迹发生的国度。

徐新

2022年岁首

附录 2

南京大学黛安 / 杰尔福特·格来泽犹太和以色列研究所简介

1992 年，借中国和以色列国正式建立大使级外交关系之东风，南京大学批准成立一专事犹太文化研究兼顾教学的学术研究机构——南京大学犹太文化研究所。不过，在这之前，南京大学就已经开始对犹太文化进行研究，主要由南京大学学者牵头的学术团体“中国犹太文化研究会”（China Judaic Studies Association）于 1989 年 4 月宣告成立，并卓有成效地开展工作。随着犹太文化研究的深入，搭建一个平台（即建立研究所）显得十分重要，而这样的研究机构的出现在中国高等教育系统尚属首次。研究所正式成立的时间为 1992 年 5 月，最初名为“南京大学犹太文化研究中心”，2001 年更名为“南京大学犹太文化研究所”。2006 年，为感谢有关基金会和个人的支持，特别是设在美国洛杉矶的黛安 / 杰尔福特 · 格来泽基金会的慷慨支持，研究所于是改名为“黛安 / 杰尔福特 · 格来泽犹太和以色列研究所”，该名称沿用至今。

研究所建立之初确立的宗旨是：更好地增进中犹双方的友谊，满足中国学术界日益增长的对犹太民族和文化了解的需求，推动犹太文化的研究和教学在国内特别是在高校系统的进一步开展，培养这一学术领域的专门人才，以此服务于中国当时方兴未艾的改革开放事业，推动中国与世界的进一步融合。“不了解犹太，就不了解世界”是研究所当时提出的口号，该口号简洁明了地表明这一研究机构成立的动因。

研究所在其30年的历史中成绩斐然，包括：

● 组织撰写并出版首部中文版《犹太百科全书》（上海人民出版社，1993年），该书成为中国最具权威和广泛使用的一本关涉犹太文化的大型工具书（200余万字，1995年获“全国最佳工具书奖”）；撰写并出版包括《犹太文化史》（北京大学出版社，2006年）、《反犹主义：历史与现状》（人民出版社，2015年）在内的著作10余部；组织翻译并出版犹太文化方面的著作20余种；编辑出版“南京大学犹太文化研究所文丛”一套；同时发表各类论文超过100篇。

● 在南京大学逐步开设一系列犹太文化方面的课程，不仅有专门为本科生开设的课程，更多的是为研究生开设的课程。

● 招收和指导犹太历史、文化和犹太教研究方向的硕士研究生和博士研究生。已有30多名研究生在研究所学习，从本研究所获得博士学位的研究生超过15人，大多数学生毕业后在中国各大学执教，讲授犹太历史文化方面的课程。

● 组织举办大型国际学术研讨会，促进中外学者之间的交流和研讨，包括1996年在南京大学召开的“第一届犹太文化国际研讨会”、2002年召开的“犹太人在华散居国际会议”、2004年召开的“犹太教与社会国际研讨会”、2005年召开的“纳粹屠犹和南京大屠杀国际研讨会”，以及2011年召开的“一神思想及后现代思潮研究国际研讨会”。

● 举办犹太历史文化暑期培训班3期，聘请国际犹太学学者授课，受训的中国各高校和研究机构的教师、研究人员和研究生达100人，有力促进了犹太文化教学和研究在国内高校的开展。

● 开展国际合作，先后举办各种类型的犹太文化展近10次，内容涉及犹太历史、犹太文化、以色列社会、美国犹太社团、犹太学研究、纳粹屠犹、犹太名人等，促进了中国社会对犹太历史文化的了解，增进了中犹人民间的友谊。

● 邀请超过 50 位国际著名犹太学者来华、来校进行交流、讲学，演讲场次超 100 场。

● 大力开展对犹太人在华散居史的专门研究，特别是对中国开封犹太人的研究。已发表专著 2 部（英文、美国出版）、论文数十篇，在国际学术界能够代表中国学者在这一研究领域的水平。

● 建立起中国迄今为止规模最大的犹太文化专门图书馆，仅英文藏书就已超过 3 万册，涉及犹太文化研究的方方面面。

● 与若干国际学术机构建立联系或互访，包括美国哈佛大学犹太研究中心、耶希瓦大学、希伯来联合学院、宾夕法尼亚大学、加州大学、布朗大学、以色列希伯来大学、特拉维夫大学、巴尔伊兰大学、本－古里安大学、英国伦敦犹太文化教育中心等。

● 积极筹措资金，为犹太文化研究和教学的开展提供经费支持。除了众多个人捐助，还有许多给予研究所各种研究和教学资助的国际基金会，包括：黛安 / 杰尔福特 · 格来泽基金会、斯格堡基金会、罗斯柴尔德家庭基金会、布劳夫曼基金会、列陶基金会、犹太文化纪念基金会、博曼基金会、卡明斯基金会、散居领袖基金会等。10 余年运作下来，本研究所的规模不断扩大，收益稳定，每年的收益已经能够确保每年发放奖学金数十份、奖励犹太文化研究领域的师生多名，并为各类学术活动提供经费支持。

需要特别指出的是，积极参加国际学术活动和开展国际学术交流会是南京大学犹太文化研究所学术活动的重要特点。在将国际犹太学者“请进来”的同时，研究所的教师也已大步地“走出去”。研究所的研究人员多次外出访问，特别是美国、以色列、德国、英国、加拿大等国，或在国际会议中宣读论文、交流学术，或担任客座教授讲学授课。据不完全统计，本所研究人员在若干国家发表过的学术演讲已达 700 余场次。此外，研究所每年都会选派研究生前往以色列有关大学进修或从事专题研究。通过这类学术活动，研究所与世界范围内的犹太学术界、犹太人机构及犹太社区建立了广泛而密切的联系，在扩大影响的同时，又推动了研究所各项工作的开展。

南京大学犹太文化研究所因其在犹太和以色列研究领域中取得的成就，已成为中国高校中最早对犹太文化进行系统研究并取得丰硕成果，同时又具有较高国际知名度的一所文科研究机构。